AI WAN
SHIATSU
FOOD
河山宾馆

圣地光影

西藏摄影旅游指南

李济山 著

化学工业出版社
·北京·

本书是一部浓缩著名摄影家李济山多年西藏摄影创作经验和技巧的潜心力作，他先后85次进藏，或独自领略西藏的美景，或带领摄影采风团进行创作，足迹几乎遍布了西藏适合摄影旅游的每个角落，对在西藏独特的高原气候条件和人文环境中如何拍出好照片积累了丰富的实战经验。本书具有很强的实用性和指导性，主要内容包括360度了解西藏；西藏常规旅游准备；西藏摄影旅游准备；晴天、阴天、雨天、雾天等不同天气高原摄影技巧；雪山、湖泊、草原、戈壁、日出日落等高原特色风光摄影技巧；寺庙、宫殿、集市、日常生活、藏服藏饰、民俗节日等高原特色人文摄影技巧；布达拉宫、珠穆朗玛峰、雅鲁藏布大峡谷、南迦巴瓦峰、冈仁波齐峰、纳木那尼峰、色季拉山、大昭寺、哲蚌寺、甘丹寺、罗布林卡、八廓街、雍布拉康、羊卓雍措、纳木错、玛旁雍错、巴松措、尼洋河、然乌湖、米堆冰川、盐井、羌塘等几十个西藏主要旅游景点的摄影旅游指南，针对每个景点都通过具体拍摄案例，详细介绍了这个景点都能拍什么、最佳拍摄位置和角度、黄金拍摄时间以及拍摄路线的安排，同时也详尽地讲解了作者的拍摄思路、整体构思和实际拍摄的过程。不论你是一个摄影初学者，还是一个高级摄影发烧友，也不论你是第一次去西藏，还是已经有多次进藏的经历，本书都能对你的西藏摄影之旅提供相当大的帮助，让你在有限的旅游时间内能拍到、拍好最能体现西藏特点和风格的照片。

图书在版编目(CIP)数据

圣地光影：西藏摄影旅游指南/李济山著.
北京：化学工业出版社，2014.9
ISBN 978-7-122-21516-1

Ⅰ.①圣… Ⅱ.①李… Ⅲ.①数字照相机-单镜头反光照相机-摄影技术 Ⅳ.①TB86②J41

中国版本图书馆CIP数据核字(2014)第174836号

责任编辑：孙　炜　王思慧　　　　装帧设计：尹琳琳

出版发行：化学工业出版社（北京市东城区青年湖南街13号　邮政编码100011）
印　　装：北京方嘉彩色印刷有限责任公司
787mm×1092mm　1/16　印张21　字数524千字　2014年11月北京第1版第1次印刷

购书咨询：010-64518888（传真：010-64519686）　售后服务：010-64518899
网　　址：http://www.cip.com.cn
凡购买本书，如有缺损质量问题，本社销售中心负责调换。

定　　价：99.00元

京化广临字2014——22号

前言

西藏，被人们誉为“距离天堂最近的地方”，它既是世界佛教信徒争相前往的朝拜圣地，又是无数摄影人趋之若鹜的取景佳境。这里有得天独厚的高原自然风光，纯净的蓝天，广袤的草原，圣洁的雪山，宁静的湖泊……沿途到处是美景，美得那么纯粹，美得令人陶醉；在这里可以尽情领略古朴而神秘的风土人情，人们仍然延续着古老的生活习俗，在空气中都弥漫着宗教的气息，随处可见的寺庙和虔诚的顶礼膜拜，在给人以心灵震撼的同时，也会让人觉得是那么的新鲜而神秘；这里也是我国原始生态保持最好的地方，茂密的原始森林和自然湿地保持着原生状态，各种珍稀野生动植物在此栖息繁衍，是名副其实的野生动植物王国。当你踏上这块古老而神奇的土地，你就会深深地感受到它的纯朴、深邃、博大、豁达，人世间的名利之恼、爱恨情愁，转瞬间就了无踪影了，你那久已蒙尘的心灵也会得到彻底的净化和洗礼。

西藏是摄影人的天堂，不论是摄影家，还是普通的摄影爱好者，每一次来到西藏，都会产生新鲜和兴奋的感觉，即使是多次前往，这种感觉仍然依旧。笔者先后 85 次进藏，或独自领略西藏的美景，或带领摄影采风团进行创作，足迹几乎遍布了西藏适合摄影旅游的每个角落，对在西藏独特的高原气候条件和人文环境中如何拍出好照片积累了丰富的实战经验，同时也拍摄出了很多反映西藏秀美风光和藏族同胞生活的佳片。

本书是一部浓缩作者多年西藏摄影创作经验和技巧的潜心力作，具有很强的实用性和指导性。主要内容包括 360 度了解西藏；西藏常规旅游准备；西藏摄影旅游准备；晴天、阴天、雨天、雾天等不同天气高原摄影技巧；雪山、湖泊、草原、戈壁、日出日落等高原特色风光摄影技巧；寺庙、宫殿、集市、日常生活、藏服藏饰、民俗节日等高原特色人文摄影技巧；布达拉宫、珠穆朗玛峰、雅鲁藏布大峡谷、南迦巴瓦峰、冈仁波齐峰、纳木那尼峰、色季拉山、大昭寺、哲蚌寺、甘丹寺、罗布林卡、八廓街、雍布拉康、羊卓雍错、纳木错、玛旁雍错、巴松错、尼洋河、然乌湖、米堆冰川、盐井、羌塘等几十个西藏主要旅游景点的摄影旅游指南，针对每个景点都通过具体拍摄案例，详细介绍了这个景点都能拍什么、最佳拍摄位置和角度、黄金拍摄时间以及拍摄路线的安排，同时也详尽地讲解了作者的拍摄思路、整体构思和实际拍摄的过程。不论你是一个摄影初学者，还是一个高级摄影发烧友，也不论你是第一次去西藏，还是已经有多次进藏的经历，本书都能对你的西藏摄影之旅提供相当大的帮助，让你在有限的旅游时间内能拍到、拍好最能体现西藏特点和风格的照片。

本书紧扣“摄影”与“旅游”两大关键词，在编写过程中参考了《西藏地方志》、《西藏史》等资料。很多人和厂家对本书的出版提供了帮助，在此对多年跟随我在川藏、滇藏、新藏、青藏及西藏境内反复奔波的摄影指导李俊秀、陈清建、辜平等表示感谢！也十分感谢百诺、威高、探求客、卡尔比诺等厂家对我进出藏地所提供的器材支持！

无论何时，无论你以何种心情来到西藏，西藏都会用不变的大山、大水的壮阔与震撼迎接你；无论何时，无论你以何种心情想起西藏，西藏都会以最美的姿态等着你。

你的摄影旅游下一站？当然是西藏！

目录

第1篇　西藏摄影旅游前期准备

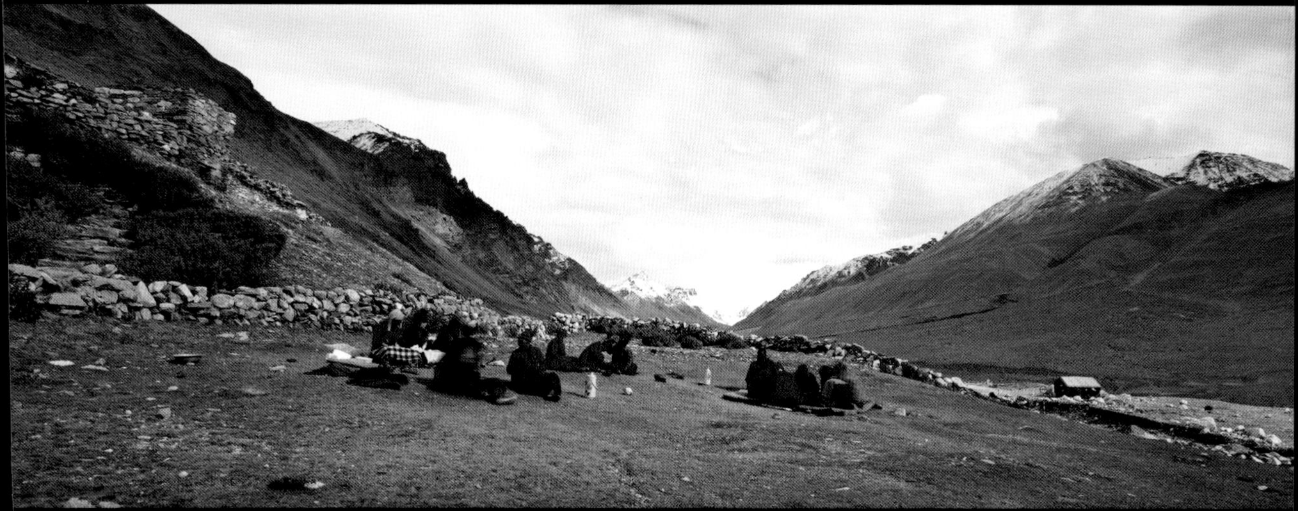

第 2 篇　西藏摄影旅游必修课

第3篇　西藏旅游景点摄影指南

第1篇 西藏摄影旅游前期准备

第 1 章

360 度了解西藏

1.1 西藏旅游概况

1.1.1 得天独厚的自然环境

西藏自治区坐落于我国西南部，它平均海拔有4000多米，总面积达120多万平方公里，是青藏高原的主体部分。它从北边到东南分别与新疆维吾尔自治区、青海省、四川省、云南省相连，南边和西部与缅甸、印度、不丹和尼泊尔等国接壤，边境线全长约为4000公里。

由于地域跨度大，西藏的地形非常复杂，大致可以分为藏北高原、藏南谷地和藏东高原峡谷三个部分。其中藏北高原分布着许多低山丘陵和湖盆宽谷，其面积约占全自治区的3/5，位于昆仑山、唐古拉山和冈底斯山—念青唐古拉山之间；南部的山原湖盆谷地是藏族民族文化的发祥地，雅鲁藏布江及其支流流经此地，河谷平地和湖盆谷地众多，如尼洋河、年楚河、拉萨河等河谷滩地，因此这一带土质肥沃，是西藏主要的农业区；东部的高原峡谷区地势从北到南越来越低，垂直高度落差大，山顶的白雪万年不化，山腰的原始森林浓密幽静，山脚却是生机勃勃的田园风光，是著名的横断山脉的一部分，中国境内面积最大的世界遗产地“三江并流”景观就在这一地区。

与众不同的地形地貌形成了西藏的高原气候，造就了这里唯美的风光，一山有四季，十里不同天。在摄影人眼中，西藏的魅力远远不止造物主的馈赠，时至今日，绝大多数藏族人民仍然沿袭着祖辈的生活方式，他们的宗教信仰、寺庙建筑、文化艺术和民俗，都带有独特的民族烙印和地域特征。

经过漫长的历史演变，西藏的自然景观和人文景观已经达到了完美的融合，被称为世界第一大峡谷的雅鲁藏布江大峡谷，信徒们一步一叩首的神山圣湖，茂密幽静的原始森林，巍巍矗立的布达拉宫，风格独特的寺庙宫殿，还

有各种珍贵奇异的野生动植物都汇集于此，俨然一座艺术和旅行的天堂。每年都有不计其数的旅行者和信徒跋山涉水而来，就是因为西藏拥有着世界上最别具一格的旅游资源，更因为这份“天人合一”的庄严和不可亵渎。

1.1.2　气候及适宜摄影的季节

西藏具有独特的气候特征：空气稀薄、日照时间长、太阳辐射强、气温年变化小而日变化大；地区间气温差异较大，西北部极寒、东南部温润，藏北高原年均气温为 -2℃左右，藏南谷地为 8℃左右，藏东南地区则为 10℃左右；干季和雨季分明，从 7 月到 9 月雨量集中，占全年降水量的九成，从 10 月至第二年的 4 月份，降水量仅占全年降水量的一成；但各地区降水分配不均，年降水量从西北的 50 毫米向东南的低地逐渐递增到 4800 毫米。

西藏是摄影人的天堂，可以说，一年四季去西藏都会有收获，应根据拍摄题材和目的灵活制定出行计划。

如果你主要拍摄民族文化和宗教节日等人文题材，应该以西藏的各节日时间为线索。如果你热衷于西藏的自然风光，还要根据自己的拍摄目的地来选择最恰当的季节。春天（3 月份）的川滇藏线上一路美景，一丛丛桃花、杜鹃花（5 月份）竞相开放，绿树成荫，如果喜欢这种柔美的风光片就可以选择这个时间段；阿里的秋天（9 月下旬至 10 月份）最能凸显那种苍茫荒凉的气氛，站在无尽的旷野上听着呼啸的风声，镜头中满是古格时期特有的厚重影像；拍雪山就应该在春秋两季前往林芝、那曲、阿里、日喀则等地区，夏季由于多雨，山峰被云雾缭绕而很难见其真面目。

总的来说，前往西藏应尽量选择 3~7 月和 9 月下旬至 12 月，这两个时间段是西藏摄影的黄金季节；而 8 月份是雨季，由于此时植被很茂密，因此很容易拍到高原气候景象，例如彩虹、局域光、旗云等，但路况复杂，安全系数较低。

1.1.3 藏族群众的风俗与禁忌

了解当地习俗是旅游摄影的前提条件。西藏的主要宗教为藏传佛教和苯教，在拍摄过程中一定要尊重藏族群众的信仰和当地的宗教习俗。

- 行路遇到寺院、玛尼堆、佛塔等宗教设施，必须从左往右绕行。
- 不得跨越法器、火盆，经筒、经轮不得逆转。
- 忌讳用手触摸别人的头顶。
- 鹰是藏族人民心中的神鸟，不可驱赶、伤害。如在郊野看见一些挂红绿黄布条的牛羊，也不可骚扰。
- 千万不可在藏族群众背后拍手掌、吐唾沫，这是不礼貌的行为。

1.1.4 旅游提示

尽管西藏是无数旅行者、摄影爱好者、户外探险者梦想的天堂，但由于西藏的地理结构复杂，各地区气候差异明显，而且部分地区的交通和食宿状况较差，所以不建议旅行者单枪匹马地自驾游或者深入无人区探险。本书根据笔者进藏 80 余次的经历和多年带摄影旅行团的丰富经验，着重介绍西藏地区主要的摄影景点和拍摄题材，从专业摄影的角度解读西藏风土人情，辅以介绍在西藏旅行的衣食住行，希望可以为即将走进西藏的朋友提供一些参考。

目前有如下五条进出西藏的交通路线。

1.2 进藏线路及其特点

1.2.1 青藏线

指从青海省的西宁市出发，途经格尔木最终到达拉萨的公路。全长将近 2000 公里，其中西藏境内为 544 公里。该公路越过昆仑山、唐古拉山和念青唐古拉山，穿过柴达木盆地和藏北羌塘草原，在拉萨市与川藏公路汇合，为国家二级公路干线，是世界上海拔最高的公路之一。

青藏线沿途的景色充满了浓浓的藏地风情，可拍摄崇山峻岭、戈壁风光、羌塘草原和野生动物等原始景致，需要准备广角镜头和长焦镜头，标准镜头的作用不大。

青藏线食宿情况较少，适合初次进藏又不想坐飞机的游客。选择该路线进藏时，建议不要直接在西宁坐汽车，而是坐火车或汽车到格尔木，再从格尔木搭车进藏。你在西宁的时候，可以提前购买葡萄糖液（两元一盒，有五支），葡萄糖液价廉物美，对缓解高原反应有奇效，在途中产生高原反应时可马上服下。

1.2.2 川藏线

连接四川成都与西藏拉萨的可以通车的第一条公路，是318国道的重要组成部分，以四川省甘孜州新都桥镇前的东俄洛乡为分界点，形成南线和北线。南线经雅江、理塘、巴塘，过竹巴笼金沙江大桥入藏，再经芒康、左贡、邦达、八宿、然乌、波密、林芝抵达拉萨，全长2400公里，沿线有雪山、峡谷、湖泊、冰川，景色美不胜收，是自驾游爱好者大显身手的线路。北线经甘孜、德格入藏，再经昌都、丁青、巴青、索县至那曲并入青藏线，全长2000公里，和南线相比较，北线沿线因为牧区居多（那曲地区），人口稀少，景色具有原始雄阔的特点。

川藏线是陆路进藏风景最美的路线，主要拍摄题材有南迦巴瓦峰、加拉白垒峰、巴松错、然乌湖、尼洋河和鲁朗林海等自然景观，林芝地区的人文景观也会让你不自主地举起相机，各种野生高原植物和昆虫也具有极高的拍摄价值。因此这一路段建议配备16-36mm、17-40mm、24-70mm、24-105mm、70-200mm等镜头，最好能带一支微距镜头用于拍摄野生动植物，如果有微距闪光灯的话，会为你带来更好的拍摄体验。

需要提醒的是，川藏线沿途充满了自然危险，虽然现在的公路已经很好了，但住宿条件还是很一般。川藏线穿过横断山脉，路况以砂石路和柏油路路面为主，沿路天气说变就变，下雨的时候泥石流多发，下雪的时候积雪封山，此外，食宿条件相当有限，专业的旅游探险者或深度旅游爱好者方可走该条线路，建议不具备相关经验的朋友不要走川藏线。

1.2.3 滇藏线（国道214）

南起滇西景洪，经大理、丽江、中甸、德钦到达西藏芒康县，与川藏公路南线相接，再过左贡、昌都、类乌齐县到达八宿、然乌进入，西藏境内全长为803公里。

滇藏公路沿线的自然景观及人文景观丰富多彩，但由于复杂的地貌，断路常常发生，堵上几个星期的事情也常有。若无足够的心理准备，不建议走这条线路。

1.2.4 新藏线

从新疆叶城到西藏拉孜，全长2400公里，是世界上海拔最高的公路，主要经过日喀则地区、阿里地区。

新藏线和其他几条进藏线路比起来最为艰难，沿途几乎全是“无人区”，野生动物丰富，以开阔的高原草场为主，建议配备超广角和超长焦镜头。

新藏线的摄影资源非常丰富，有珠穆朗玛峰、冈仁波齐神山、纳木那尼峰、希夏邦马峰等雪山，有羊卓雍错、玛旁雍错、拉昂错、班公湖等湖泊，有拉萨河、雅鲁藏布江、狮泉河、象泉河、马泉河和孔雀河等河流。该线路的人文摄影资源也毫不逊色，有白居寺、扎什伦布寺、日土岩画等，拍摄牧民生活更是不可错过，在实际拍摄时，可利用外置闪光灯来平衡画面的高反差。如果幸运的话，还会遇到独特的高原气候景象，比如局域光、旗云等。由于该线路沿途风沙较大，应该携带三脚架以获取更清晰的画面效果，最好能有两个以上的机身，以免频繁换镜头时进尘土。

建议在离开西藏时走这条路线，因为阿里地区的海拔要高于新疆，如果进藏时走这条路线会产生强烈的高原反应。

特别提醒：千万不要从新疆进西藏，这样走必须翻越昆仑山的界山达阪，其海拔高度达到 6400 米，还有著名的死人沟，其海拔高度也有 5130 米，在这样的高海拔地区人会严重缺氧，一般人是受不了的。

1.2.5 中尼公路

西藏现有唯一的一条直通国外的公路，由拉萨出发，经日喀则、定日、聂拉木、樟木、友谊桥，终点为尼泊尔的首都加德满都，全长 943 公里，其中西藏境内为 829 公里，是国道 318 线的西段。如果准备去尼泊尔，记住带好你的护照，在拉萨办好签证即可前往。

自驾游和传统的集体参团旅游有很大区别，在出行时间和行程安排上具有个性化、灵活性和自主性等特点，为旅游者提供了更多选择，尤其受到摄影爱好者的青睐。自驾车进藏不但可以灵活选择拍摄地点和素材，也更方便携带摄影器材。

由于西藏特殊的地理位置和气候条件，自驾车进藏需要注意以下问题。

1.3 自驾游注意事项

1.3.1 选择出行车辆

尽量选择高原行驶能力更强的越野车，最好是藏族聚居区群众经常驾驶的车系，即使车出了问题也便于维修。藏族聚居区的主力车系是丰田汽车，其各方面性能堪称完美，相当“吃苦耐劳”，前往阿里地区的游客一般都会选择这一车系。进藏车辆要将实用性摆在第一位，尤其要提醒的是慎重改装，没必要贪图外观时尚。

1.3.2 保证汽油供给

出发前应该提前查看沿线加油站的位置，务必在中石油、中石化等正规加油站加油，否则油品无法保证。最好随车携带油桶以储备足够的油品（要特别注意安全），这样在路遇暴风雪、塌方等不良状况时至少能保证车内温度，等待救援。

1.3.3 了解路况和气候

要及时搜索最新的路况信息，不要单纯迷信 GPS 的指示，因为高原地区的道路会因为突发的地质灾害而发生改变，个别地区的道路每逢雨季或冬季就会出现阻断，最好避免这个阶段去往偏远地区，一旦车辆出现故障很难及时得到援助。

自驾车进藏时必须要随时注意气候变化，暴风雪、冰雹、下雨都可能让你的出行变得惊心动魄，因此一定要带上经验丰富的司机，最好有本地向导，否则在荒无人烟的地方，如果车辆出现故障是非常危险的。

1.3.4 制定旅游计划

出发之前，应该了解食宿点与旅游景点或拍摄地之间的距离与车程，这样可以保证到达拍摄地时能够赶上合适的光线。千万别因为贪恋夕阳西下的那束美丽光线而耽误回食宿点的时间，不建议夜晚在西藏的荒野中露营。

第2章 西藏常规旅游准备

2.1 西藏旅游常用装备

2.1.1 旅行服装越暖越好

在西藏旅行时，选择服装只有一个原则，那就是怎么保暖怎么穿。尤其是珠穆朗玛峰、阿里和藏北地区，无论什么时节去都必须做好保暖措施，保暖内衣最好透气、舒适，羽绒服最好具有防水、防风功能。

西藏的 7、8 月是雨季，如果在这个时间进藏，建议带上具有防风、保暖、速干的户外功能性服装，不仅穿着舒适，更主要的是能够保证你在恶劣天气中也可以继续执行拍摄计划。西藏地区的紫外线强烈，千万不要将身体大部分暴露在阳光下，尽量不要穿着短装。

在选择服装的颜色时也很有讲究。如果是去雪山或雪地，建议穿戴比较鲜艳的服饰，万一出现意外，你的同伴和救援人员能够比较容易地找到你。在拍摄人文题材时，建议穿一些大地色系的服装，比如灰色、土黄等。另外，带一些文具、食品等小礼物，这样比较容易亲近当地群众，便于拍摄，在拍摄野生动物时也不会成为被攻击的目标。

另外，你还需要一双好的旅行鞋，最好是一双高帮的集防水、保暖、透气和防滑功能于一体的优质登山鞋。

››› 焦距：17mm 光圈：F22 快门速度：1/125s 感光度：ISO 100 拍摄地点：藏北草原

2.1.2 双肩背包够用即可

选择背包的原则是够用即可，不超过 45 升的背包就足以容纳旅途所需携带的物品。假设要进行徒步和野营活动，可以选择一个大包和一个小包的搭配方式。

在选择背包款式时，一定要选择上宽下窄的双肩背包，这类背包的设计非常符合人体的运动规律，背在身上不仅省力，而且丝毫不妨碍身体各部位的活动。购买背包时一定要检查各兜袋的拉链，不能马虎大意，否则可能会给你的这次旅程带来许多糟糕的回忆。

2.1.3　经常用到的小物件

如果有徒步和野营计划，你的行囊中一定不能缺少手电筒、帐篷、睡袋等，还要准备多功能工具钳、瑞士军刀等工具，这些工具在阿里和藏北地区旅游时经常会用到。

由于西藏空气稀薄，太阳的辐射强烈，SPF 值高的防晒霜可以保护你的皮肤，避免让你蜕一层皮，太阳镜、墨镜、防雪盲镜、遮阳帽和唇膏也非常有必要，用金霉素眼膏替代唇膏使用效果更好，又便宜又有效。还有一样东西请大家千万不要忘记，那就是口罩，西藏空气稀薄且干燥，鼻孔经常出血，所以多备几个口罩非常有必要。

2.2　高原反应不可小觑

2.2.1　高原反应的症状

初到高原的人多少都会出现高原反应，这是在低气压和缺氧环境里的一种正常生理反应，主要症状表现为头痛、胸闷、呕吐、厌食、微烧、乏力等，严重者会出现浮肿、肺气肿和重感冒等症状，如果你遇到这种情况，建议一定要到医院输液和吸氧进行治疗。

在高原缺氧环境中，如果患上了感冒，一定要特别重视，因为身体机能下降，普通感冒也极容易转化为高原病，比如肺炎甚至肺气肿，腹泻容易造成身体脱水。

2.2.2　必备常用药品

为了预防和减轻高原反应，可在去高原一个多星期前开始服用红景天，到达高原后再服用高原安胶囊、西洋参、诺迪康胶囊、百服宁和葡萄糖液。适应高原环境的人，高原反应普遍在 3 天内即可消失；不太适应高原环境的人，最迟则需要一个星期才能消除高原反应。

2.2.3　如何应对高原反应

赴西藏时一定要带足感冒药、消炎药、腹泻药和维生素片，一旦有感冒和腹泻症状就要加大剂量服药，同时应多喝水。由于旅途中可能会出现皮外伤，因此准备一些外用药物也非常必要，比如云南白药、创可贴、清凉油、纱布等。

2.3　旅游证件及行程安排

初到高原地区时，建议你减慢行走速度，不要做任何体力负荷偏重的动作；节制饮食，避免加重消化器官的负担；不要抽烟酗酒，刚到西藏也不要洗澡，洗澡容易感冒，应该多吃瓜果蔬菜等富含维生素的食品，并适量饮水；注意身体的保暖，千万不要感冒；不要依赖氧气，尽量靠自身来适应环境。在进藏前增加身体的锻炼是不可取的，如果你有锻炼的习惯，在进藏前两个星期前也应该停止，因为经常锻炼的身体需要消耗更多的氧气，而西藏氧气稀薄，经常锻炼的人到西藏后，反而更加容易引起高原反应。

需要特别提醒的是，有心脏病病史以及严重高血压或心脑血管病的患者切勿到西藏！

2.3.1　边境证

到墨脱、樟木、亚东、定日（珠穆朗玛峰）、阿里地区的狮泉河镇、普兰等边境地区需要办理边境证。建议大家在自己居住所在地的公安局户籍科办边境证为好，如果来不及，可在到达西藏以后找旅行社或包车的司机替你去办理，但花费较多且有不可预见的问题。要去米林、墨脱，可以凭本人身份证在林芝地区的八一镇办理边境证；要去珠穆朗玛峰（定日县）和樟木，可以在日喀则办理边境证；要去普兰德化，可以在狮泉河镇办理边境证。

2.3.2　边境地区通行证

港澳同胞凭回乡证即可，外国人除了签证以外，还要办理外国人专用的边境地区通行证。

外宾、华侨、台胞可以凭有效的护照（复印件）、签证（复印件）及个人工作职务证明到西藏旅游局办事处或委托旅行社即可办理，一般一周内即可办妥，加急 2~3 天即可。

2.3.3 旅游行程安排

旅游行程安排一般包括选择目的地、线路安排、出行方式以及预算。西藏美景万万千，你要根据自己的喜好、季节、身体情况等各方面的因素来确定自己的出行线路。

随着西藏的交通状况越来越好，飞机、火车、汽车都是可以选择的出行方式，也有自行车爱好者挑战极限一路骑到西藏。多元化的出行方式使旅游预算会产生较大的变化，相对而言，交通和住宿一般占据了旅游支出的绝大部分，因此在出发前就要精打细算，在旅游过程中应追求最高的性价比。曾有一路蹭车来到西藏的背包客，他们用有限的金钱看到了更远的风景，这无疑是十分划算的。

焦距：65mm 光圈：F32 快门速度：1/60s 感光度：ISO 100

第3章 西藏摄影旅游准备

3.1 合理配置摄影器材

西藏的拍摄题材非常丰富，总的来说分为人文摄影和风光摄影两类。人文摄影主要就是拍摄人文纪实及人像，可以适当地用闪光灯处理人物和环境的明暗关系；而风光摄影还需要考虑如何兼顾我们的身体负重能力和拍摄要求，根据拍摄题材和目的合理配置摄影器材。

3.1.1 机身首选较高档机型

风光摄影要求所使用相机机身的感光元件有足够高的成像质量和快速的处理能力，选择相机时应该遵循两个原则：一是根据复杂的高原气候和地理特征，在低温、缺氧、高海拔的情况下，机器运转会出现各种意外，因此要慎重选择机身，首选 Canon EOS 5D Mark Ⅱ、Canon EOS 5D Mark Ⅲ或者 Nikon D800 以上的机型，这些机型的储存速度很快；第二个原则就是防尘、防水，西藏的空气湿度小、灰尘很大，而且有些地区的土质有黏性，一旦进入 LCD 或法兰盘内很难清洁干净，如果拍摄强度较大，建议做到一机一头，在这种环境中频繁地更换镜头会对器材造成较大损害。再加上复杂的高原气候，一天之内经历四季的变化完全有可能，雨、雪、雹这种极端天气正是容易出作品的时候，千万不能被器材拉了后腿。

3.1.2 根据拍摄题材配置镜头

好的镜头不仅能够获得细腻的画面过渡效果，也能够更好地捕捉色彩的变化，而使用焦距段长的镜头能让我们在摄影时没有后顾之忧。如果所使用的镜头视角受到限制，那么在摄影中尤其是在旅游摄影时，拍摄者往往会有一种放不开手脚的感觉。

1. 了解各焦距段的特性

各个焦距段都有适合表现的题材，例如广角镜头可用于拍摄布达拉宫的壮观，也可用于表现阿里戈壁荒原的壮阔；长焦镜头适合抓拍藏族人物的表情，也可拍摄野生动物，定格野马奔腾的瞬间；川滇藏线沿途的多种野生高原植物绝对值得你带上一支定焦微距

镜头，这种中焦镜头在拍摄人物肖像时也能获得较好的效果。18—200mm 的变焦头可以一镜走天下，其成像质量虽然一般，但胜在机动性能强、方便携带，在高海拔地区可以大大减轻拍摄者身体的负重，建议合理使用最佳光圈（F8~F11）。

2. 定焦镜头和变焦镜头各有用途

顾名思义，定焦镜头和变焦镜头的不同就在于焦距是否可以变化。

变焦镜头允许拍摄者无需移动位置，就可以快速选择从广角到长焦之间的任意焦距段进行拍摄，而不用太接近被摄对象。在抓拍动物或高速运动的物体时，使用变焦镜头能够获得更多的拍摄机会，因为不用频繁地更换镜头，在西藏拍摄时也可大大减少相机进灰的可能。必须承认的是，变焦镜头会让摄影师变懒，过份依赖手中的相机，而不愿意多走路去寻找最佳的拍摄位置。

定焦镜头的优势在于拥有更大的光圈，控制景深的能力较强，自动对焦快速而准确。在西藏寺庙里的弱光环境中拍摄时，大光圈可以提高相机的快门速度，不必通过提高 ISO 感光度来提高快门速度，从而避免画面出现过多噪点。

变焦镜头内部镜片越多，构造越复杂，它变焦的倍数就会越大，而镜片的叠加一定会对画质造成较大影响，这是毋庸置疑的。因此，在使用相同焦距拍摄时，定焦镜头拍出的画质要比变焦镜头更加锐利，清晰度也更高。说白了，变焦镜头就是牺牲部分画质而换取强大的拍摄机动性。

在高海拔的西藏地区拍摄时，变焦镜头的强大机动性使它成为必备的镜头，而成像质量好的定焦镜头则沉重而娇贵。因此，要根据自己的拍摄诉求和身体负重能力决定携带什么样的镜头。

3.2 附件一个都不能少

3.2.1 滤镜

在风景摄影中，滤镜是必不可少的附件，巧妙地使用滤镜，可以更加艺术地塑造画面，经常用到的滤镜有 UV 镜、偏振镜、中灰滤镜、渐变灰滤镜等。

3.2.2 闪光灯

在户外摄影中，外置闪光灯和内置闪光灯都能发挥作用，内置闪光灯不但耗电量大，而且使用的灵活性及功能均不如外置闪光灯。现在主流的闪光灯都采用了 TTL 闪光测光系统，可以根据测光数据自动调整闪光灯闪光的强弱，以使画面获得正确的曝光，因此拍摄失败的概率很低。

3.2.3 快门线

使用快门线可以很大程度上减少相机的震动，使拍出的画面更加清楚。有了快门线，自拍也成了轻而易举的事情。此外，可以考虑使用无线快门，它不但价格便宜，而且比使用快门线更便利。另外，利用相机的延时拍摄功能也可以自拍，虽然效果差强人意，但胜在容易操作。

3.2.4 手电筒

在旅游摄影中，手电筒有多种用途。尤其是在夜晚，手电筒除了能够在黑暗环境中为我们行走、装卸镜头、更换摄影附件等提供照明外，也是拍摄光绘作品时必不可少的辅助器材。

3.2.5 反光板

反光板是摄影中使用的主要辅助设备之一，可以与灯架、闪光灯配套使用，也可用于单独补光。反光板可以折射光线，使具有明确方向的光线散射开来，常用于强调局部的细腻层次，从而使画面更加饱满，质感更突出。在人像摄影中，经常利用反光板为人物的面部补光，与闪光灯补光相比，其反射的光线更加柔和，不会给人尖锐和生硬的感觉。

3.2.6 三脚架

在西藏摄影时，三脚架是必要携带的装备。由于西藏的风沙很大，因此使用三脚架有利于提高画面质量，为了便于随身携带，建议选择重量较轻的碳纤维材质三脚架。在光线昏暗的寺庙内拍摄时，如果采用高感光度、手持拍摄就意味着要牺牲一部分画质，此时如果手头有三脚架的话，就可以使用低感光度和慢速快门进行拍摄，以便获得较高的画质。

3.2.7 存储设备

存储设备包括存储卡、数码伴侣和移动硬盘。在旅途中一定不要把这三个设备放在同一件行李里，以免被盗或者遗失而使所有心血付之东流。

挑选存储设备时仍然要考虑耐高寒的问题，否则就可能出现各种意外，例如开不了机、读写速度奇慢无比等。为了保护自己的成果，一定要及时对照片进行备份，因此必须多准备几张大容量的存储卡。数码伴侣可以把存储卡中的数据转存到移动硬盘上，由于转存的时间可能会较长，因此在购买时要考虑到电池的续航能力。

3.2.8 笔记本电脑

笔记本电脑相当于一个容量更大的照片存储设备，同时也可以用来处理图片或检查所拍作品是否满意。进藏时最好选择重量轻、尺寸小巧、电池使用时间长的笔记本电脑。

3.2.9 清洁工具

户外摄影尤其是在西藏拍摄时，必须要准备摄影器材的清洁工具。常用的清洁工具有气吹、高压气罐、镜头水、镜头纸、擦镜布等。

在西藏摄影时，需要经常更换镜头，难免会有一些灰尘进入相机内，导致传感器和镜头上已经沾染到灰尘，此时使用一套专业的相机清洁工具对相机进行清洁保养，对于后面继续进行的拍摄工作就变得尤为重要。笔者在这里推荐 VSGO（威高）品牌的专业相机清洁养护产品。

在清洁相机前，首先要用专业的清洁刷或清洁气吹吹去相机上的大颗粒或硬的沙子等。为了防止在清洁的过程中汗液或指纹污染到镜头，同时也为了防止镜头从手中滑落，我们可以戴上专用的防滑、防尘、防静电的清洁手套，

以便更好地保护器材。

除了对镜头进行清洁保养外，相机传感器的清洁也是很重要的，传感器上落有灰尘一则影响成像，二则也会导致在后期需要花费大量精力和时间进行修片，甚至导致整个拍摄工作无法继续进行。

对于传感器上的灰尘，最有效的清洁工具是传感器清洁棒，笔者建议使用威高等知名品牌的传感器清洁棒进行清洁。在清洁传感器之前，我们首先要检查相机电力是否充足，清洁时一定要保证电力充足，然后进入相机的手动清洁模式，使反光板预升起，露出传感器。然后选择相对洁净、少尘的环境，按照产品使用说明进行清洁操作。

(1) 将卡口向下，使用清洁气吹吹去传感器上的大颗粒灰尘。将新拆封的清洁棒的舌片部分以60°左右斜立在传感器的表面，轻轻擦拭，使舌片在被擦拭物表面形成擦拭面。

(2) 从一侧向另一侧轻轻推过，然后翻转清洁棒以另一面重复以上操作，为保证清洁效果，每支清洁棒仅可使用一次。更换新的清洁棒进行以上操作，直至感光元件被清洁干净。

对于机身和缝隙以及热靴等部位的清洁，可以使用超级棉棒。超级棉棒结构致密，自身不发尘，采用尖头设计，可以很方便地深入到缝隙部位进行清洁。

3.3 摄影器材的携带与安全

3.3.1 摄影包的选择

摄影器材大多价格不菲，摄影人大多都知道利用专业的摄影包来携带器材。挑选摄影包时，不能只注重容量和外观，耐用性、灵活性、机动性、保护能力等缺一不可。如果器材较多，可以选择双肩摄影包或者摄影拉杆箱，它能大大减轻你路上的疲劳，旅游摄影需要长途跋涉、翻山越岭，因此舒适性很重要。电子存储设备和笔记本电脑在携带过程中必须注意防震，尤其是自驾车时，目前有专门的电子设备防震箱，防震效果不错。

3.3.2 行程中的器材安全

摄影器材千万不要托运，否则你一定会痛心疾首，昂贵的器材更应该随身携带。一般可以选择较大容量的摄影包收纳大部分器材，在未到达目的地之前不要随意取出。为了不错过路上的美景，可在随身的背包或腰包中装一台相机，以便随时取出进行拍摄，当然，这是在安全的前提下。

3.3.3　拍摄中的器材安全

在拍摄时应尽量使用背带把相机挂在身上，不但可以迅速拿起相机进行拍摄，也可以防止被抢。值得一提的是，正确的持机方式也是保证器材安全的一个方法，左手手心向上，托住镜头下方，右手握住把手，食指扣在快门按钮上，这本身就是一个稳固的防御性姿势。

西藏属于高原气候，昼夜温差较大，日落后温度会低至零下，所以不管何时去西藏拍摄都要准备冬装。因在拍摄时要手持相机，所以在低温条件下不方便戴手套，这时候就需要能将相机一起包裹起来的防寒罩，在温暖双手的同时，能够很方便地使用相机随时捕捉精彩瞬间。

笔者使用的是“探求客”迷彩款加厚防寒罩。这款防寒罩内部采用优质的拉绒面料，外部采用优质的尼龙面料，能够防风并防小雨，内部空间宽阔，其拥有的透明和可折叠特性，能够保证在拍摄时可以很方便地转换不同的焦距。

西藏到处都有震撼心灵的美景，我们总想将这些美景都完美地记录下来，不可避免地会随身携带若干镜头和配件，此时就会需要一个容量大的摄影包，以便能装下所有的摄影装备。

笔者去西藏时经常携带的是“卡尔比诺KA101”专业摄影包。这款专业摄影包采用特多龙面料、多耐福扣具和防雨罩，可容纳三脚架以及一机三镜头，侧面取机，采用上下分层时尚简洁的设计，可满足摄影的各种需求。

在乘坐交通工具时也要注意器材的安全，比如在乘坐轮船、热气球等晃动比较厉害的交通工具时，一定要注意保持相机的稳定。长时间颠簸时应该用质感柔软的东西将器材包住，以尽量减少摩擦。

在西藏拍摄时，难免会有攀登或者爬山之类的活动，不方便带专业摄影包，此时，轻便、结实的摄影背心就是个很好的选择。笔者推荐“探求客”专业摄影马甲。

此款摄影马甲采用纯棉双层制造，侧面开叉的短款设计，并带有铜饰配件，侧面以绳体连接，胖瘦可调节，可以方便地装下各种型号的镜头以及随身物品。正面有九个大兜，一个笔袋，四个里袋，背部有三个大兜，能装下手机、钱包、存储卡、相机电池、户外水壶等，同时内置两个大口袋，可装下70-200mm F2.8镜头。关键受力部位采用三角针加固工艺，随身装带的东西多也不用担心掉落。

第2篇 西藏摄影旅游必修课

第4章 不同天气高原摄影必修课

4.1 晴天高原摄影

光照充足是西藏摄影的一大特点，也是曝光时必须考虑的因素。尤其是晴天的光线方向明确，造型作用明显，质感硬朗，适合表现自然风光、建筑物等客观存在的对象，也适合拍摄硬朗性格的人物肖像。相对而言，在晴天拍摄要比雨雪等极端天气容易一些，但在拍摄过程中要注意用光技巧。

4.1.1 了解不同角度光线的特性

光线会直接影响到景物的层次、线条、色调和画面气氛，每一种光线都具有各自的特点和表现力，了解并正确运用光线有利于诠释摄影作品的主题和表达情绪。

1. 顺光对景物的影响

顺光又被称为“正面光”，是指该光线的投射方向与拍摄方向一致。在顺光的照射下，被摄体受光均匀，由于阴影被自身所遮挡，因此可以弱化物体表面的纹理及凹凸感。

顺光下的景物影调柔和，色彩明度和饱和度较高，给人明快、清朗的感觉。换言之，顺光有利于强调色彩。在户外摄影中，顺光经常用于拍摄固有色彩鲜明而无需强调立体感的景物和建筑，也可以用于表现女性皮肤细腻的质感。

由于物体的层次、轮廓和立体感都是靠光和影的相互作用来表现的，而顺光下的被摄体完全将正面沐浴在阳光下，缺乏明暗反差，被摄体会和背景的色调混为一体，只能获得一个平板的二维面画，不利于表现大气透视效果，其色调对比和明暗反差不如侧光和逆光那样强烈。

采用顺光拍摄有利于表现被摄者的轮廓、表情以及藏族服饰的色彩。对人物面部测光，并酌情降低0.7~1挡曝光补偿，很好地表现出了藏族妇女的面部特征；利用大光圈获得的浅景深画面，可使前景处的转经筒和主体物显得更加突出，也没有出现更多的闲杂元素

拍摄地点：哲蚌寺

>>> 焦距：23mm　光圈：F8.0　快门速度：1/400s　感光度：ISO 100

2. 侧光对景物的影响

侧光是摄影中最常用的光线之一，是指来自被摄体侧面的光线。根据光线与被摄体所成角度的大小，可将其分为正侧光、前侧光、后侧光等。侧光是最适合用来表现主体轮廓和层次的光线，拍摄风光的时候我们常常会选择使用侧光，有时候为了突出主体的某一个部分，也会用侧光来表现。

与平淡的顺光相比，侧光会带来更多的阴影，影子不但可以增大画面的对比度，而且还可以增强画面的纵深感，使画面明暗反差分明、层次丰富、透视性感极强，因此采用侧光拍摄会获得一个立体感强烈的三维空间画面。

采用侧光拍摄景物时，要注意画面中亮部和暗部面积的比例，可以通过改变拍摄角度或拍摄时间来调整，以暗部确定曝光时间才能令暗部层次完整地保留下来。如果画面明暗配置不当，背景杂乱无章，可以选择大光圈并对被摄体对焦，虚化景深以外的元素，从而获得主体鲜明、影调和谐的画面效果。采用侧光拍摄人像时，长焦镜头配合大光圈的运用能够很好地刻画人物的形态和神情，并通过虚实对比来表现画面的空间感和主题。

>>> 焦距：17mm 光圈：F22 快门速度：1/125s 感光度：ISO 100　　拍摄地点：藏北草原

利用上午9时左右的侧光进行拍摄，在白塔对面的围墙上投下了浓重的阴影，与洁白的塔身形成了强烈的明暗对比。放射性构图配合超广角镜头的使用，突出画面的纵深感，得到了一幅空间透视效果十分强烈的画面

3. 逆光对景物的影响

逆光又被称为“背光”，是指光线的投射方向与拍摄方向相反的光线。由于逆光是从被摄体的后方投射过来的，可以充分展示其轮廓美，因此又被称为轮廓光。

逆光容易使被摄体曝光不足，但与平淡的顺光相比，它又拥有极强的艺术表现力。采用逆光拍摄时，因为画面中明暗对比过大，超出了感光元件能够记录的范围，大部分细节被掩盖，被摄体以极简的线条或形状出现在画面中，这种大光比、高反差画面具有非常强烈的视觉冲击力，也能够获得很好的艺术造型效果。

在风光摄影中，拍摄树木、花卉等植物，可以用逆光来表现主体剔透、鲜嫩的质感，叶子在逆光下会呈现出通透的质感及明亮的光泽。低角度、大光比的逆光具有强大的造型作用，山峦、建筑、原始森林等都会变得立体感十足，韵味和意境也较顺光要好一些。

采用逆光拍摄人像时，可以对被摄对象的面部进行补光，强调外围的轮廓线；也可以将人物处理成剪影，此时应该酌情减少曝光补偿，以强化画面的神秘感。

这是纳木错湖边的拜佛仪式，空中弥漫着大量燃烧藏香和松枝而形成的烟雾。对白色云彩的高光部位测光后，将画面右下角的人物处理成剪影效果，同时适当减少曝光量压暗画面的亮度，作为主体的白色烟雾为画面营造出了神秘、庄重的气氛，也利用人物点明了画面的主题

拍摄地点：纳木错

››› 焦距：28mm 光圈：F22 快门速度：1/640s 感光度：ISO 200

4.1.2 选择正确的拍摄时间

一天之中，太阳的入射角度时刻都在发生变化，只有了解不同时段光线的特征，才能针对不同的拍摄对象选择适宜的光线。

1. 日出时段光线的特征

日出时段光线以暖色调为主，其中红色、黄色、蓝色等低色温光源占主导地位。日出时光线照射角度低、方向性强、照射均匀，被射体明暗反差小，影调柔和淡雅，适合表现细腻丰富的层次和质感。在西藏拍摄日出的最佳时间是每年的1~5月份和9~12月份。

这是一处房屋的废墟，一束光线照亮了山体，色温大约在3200K左右，整个画面呈现暖色调。拍摄时对废墟的最亮处测光，并适当降低曝光补偿以压暗山体的上部，从而突出了亮部的细节

››› 焦距：260mm 光圈：F13 快门速度：1/200s 感光度：ISO 200 拍摄地点：藏北草原

◆›› 焦距：17mm　光圈：F13　快门速度：1/500s　感光度：ISO 200　拍摄地点：纳木错

日出的金色光线照亮了迎宾石和转经筒，利用广角镜头低角度仰拍，将蓝色天空、金色迎宾石和水面的倒影同时纳入镜头，形成冷暖色调交织、天水一色的美景。画面中的云彩形状十分抽象，与经幡、转经筒等宗教意义明确的元素出现在同一个画面中能够产生奇妙的喻义，使画面由单纯的美景升华到更高的层次

2. 上、下午时段光线的特征

上午 8 ~ 9 时或下午 5 ~ 7 时是比较适合摄影的时间段，此时太阳位置不高，光线柔和，阳光亮度适中，所拍出的照片画面清晰、色彩鲜明、色调稳重，光影效果十分突出。在拍摄人像的时候，为了避免人物主体面部阴影过重，我们要尽可能地选择光线柔和的时候或者在树荫之下拍摄，这样拍出来的照片才会显得清新、自然。

这是下午在路边随意抓拍到的场景，三个藏族儿童在草地上嬉戏，目光被路过的车辆和过客吸引着。此时的光线为侧逆光，被摄者身体的1/3被照亮，而身体的2/3面积为暗部，画面明暗对比强烈，落在草地上的影子极富表现力

拍摄地点：藏北草原

››› 焦距：17mm　光圈：F10　快门速度：1/80s　感光度：ISO 100

焦距：135mm 光圈：F11 快门速度：1/160s 感光度：ISO 200 拍摄地点：纳木错

这是在上午拍摄的藏族妇女结伴来湖边取水的画面，由于此时的光线为侧光，因此在绿地上投下了被摄者半剪影形状的影子。在拍摄时对绿地测光，画面不追求十分精致的明暗反差和光影效果，而是朴实地记录了藏族人民的生活方式

3. 中午时分光线的特征

中午时分太阳的入射角度几乎为90°，直接照亮被摄体的上部，此时的光线也称为顶光。顶光光线较硬，能够形成非常明显而且浓重的阴影。在拍摄人像时，会在被摄对象的面部留下阴影，不利于表现画面的美感，常用于戏剧、艺术人像摄影，也可用于修饰人物的轮廓。

中午时分在小昭寺拍摄的画面。不规则构图很好地表现出了建筑的壮观气势，大光圈的运用则使画面极具纵深感。顶光照射下的被摄者几乎没有影子，蓝色服饰、粉色帽子与寺庙的红色墙体形成了强烈反差，而成为画面的视觉焦点，配合转经筒和转经长廊，很好地点明了画面的主题

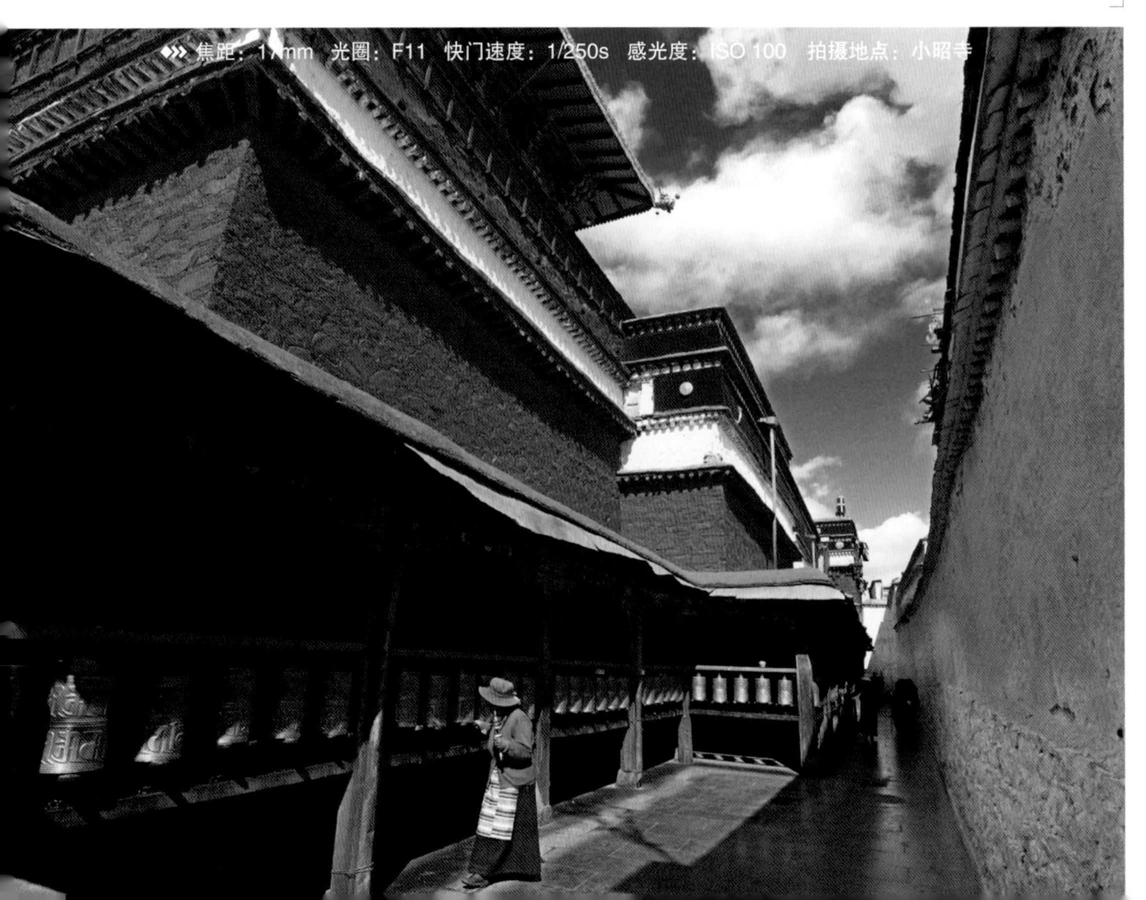

焦距：17mm 光圈：F11 快门速度：1/250s 感光度：ISO 100 拍摄地点：小昭寺

「中午时分拍摄的藏族妇女，她用牦牛毛编成的口袋把小孩背在身上。中午的光线十分强烈，在被摄者的面部形成了阴影，相对来说不利于塑造女性的美感，此时着重刻画藏族人面部的沧桑感，以及藏族母亲的生活方式」

>>> 焦距：250mm　光　圈：F16
快门速度：1/250s　感光度：ISO100
拍摄地点：老定日

4. 日落时段光线的特征

傍晚的光线色调柔和，照射角度低，有利于塑造被摄体的外形，表现其细节和质感。太阳开始落山时，光线呈现出赤、橙、黄等色彩，它们相互交错、强烈地变化着，使主体的影子显得修长而浓重，层次和细节都得到了很好的表现。太阳完全落山后，光线依然呈现为暖调，慢慢趋于蓝色，阴影也更浓，适宜表现剪影以及其他艺术效果。

>>> 焦距：105mm　光圈：F9.5　快门速度：1/30s　感光度：ISO 100　拍摄地点：纳木错

「太阳即将落山，光线打到念青唐古拉雪山上，使其呈现为棕红的暖色调。纳木错不规则形状的水面，由于吸收了天空中大量的紫外线而呈现为大面积的冷色调，棕红的雪山倒影其中，二者形成了冷暖交织的对比」

>>> 焦距：34mm 光圈：F11 快门速度：1/400s 感光度：ISO 100 拍摄地点：江孜县

太阳即将落山，空中布满了乌云，落日余晖照亮了宗山古堡和前面的青稞田。嬉戏的儿童看到摄影师便奔跑过来，正好与空中蠢蠢欲动的乌云相呼应，为画面增添了动感。将拍摄者的投影作为前景纳入画面，使观者有一种身临其境的现场感

4.1.3 利用滤镜改善画面

1. 利用 UV 镜过滤紫外线

UV 是 Ultra Violet 的缩写，即紫外线滤光镜。在胶片摄影时代，紫外线会对胶片产生很

◆>> 焦距：16mm 光圈：F11 快门速度：1/800s 感光度：ISO 100 拍摄地点：纳木错

使用小光圈拍摄可以使太阳呈现星芒状，湛蓝的天空和流动的云彩，西藏高原独有的风马旗，这些具有强烈辨识度的元素构成了这幅主题鲜明的作品

大影响，因此 UV 镜几乎是传统摄影师的必备品之一，它可以吸收紫外线，从而提高画面的清晰度。数码相机的 CCD 感光元件不像传统胶片那样对紫外线敏感，而且已经安装了低通滤镜，所以此时的 UV 镜主要起保护镜头的作用。

UV 镜适合在海边、高山、雪地和空旷地带等环境拍摄时使用。对数码相机来说，UV 镜可以减弱因紫外线引起的蓝色调，提高远景的清晰度，增加色彩饱和度。在实际拍摄过程中，UV 镜并非必须使用，例如在拍摄夜景或逆光拍摄时，UV 镜会导致画面中出现重影或鬼影，另外根据摄影者的立意和喜好也可以保留过强紫外线带来的蓝色光影效果。

2. 利用偏振镜消除反光

偏振镜（偏光镜）是一种滤色镜，它能够有选择地让某个方向振动的光线通过，可分为线偏振镜和圆偏振镜两种，数码单反相机应使用圆偏振镜，英文简称为 CPL。

偏振镜可以消除非金属物体的反光，例如水面、玻璃、叶片等，能使被摄体的色彩更饱和，质感更突出。偏振镜的另一个作用是能够消除天空中的偏振光，加大画面的明暗反差，使蓝天更蓝、白云更白。因此，偏振镜是静物摄影和风光摄影最常用的滤镜之一。

在具体拍摄时，可以看着取景器，通过旋转偏振镜的外框对其进行调整，根据需要可将其转到最暗与最亮间的任意角度。使用偏光镜会减少 1~2 挡曝光量，因此在某些场合可以替代中灰镜的作用。用好偏光镜需要一定的技巧，例如在拍摄天空时，你面对太阳的正左侧就是最佳的拍摄方向。

在西藏拍摄时一定要灵活使用偏振镜，在晴天拍摄时，如果使用不当，会把天空压得过暗。另外，在顺光拍摄人像时不建议使用偏振镜，它会把人物面部的反光全部过滤掉，不利于塑造人物的情绪和表情，导致人物的立体感不强。

使用偏振镜压暗天空，使蓝天更蓝、白云更白。拍摄时不必担心蓝天过暗，低机位仰拍会使被摄者的面部和转经筒受光面积加大，正好可以与蓝天形成明暗对比，从而使画面更加饱满、立体

3. 利用渐变镜平衡反差

很多滤镜都是对拍摄能起到一定作用的，例如偏振镜、中灰镜等，而渐变镜的作用则是渐进式的，它的一边有颜色，另一边则逐渐过渡为没有颜色（对照片没有影响）。常见的渐变镜有灰色渐变镜、蓝色渐变镜、灰茶色渐变镜、橙色渐变镜等。

在风光摄影中，我们最常用的是灰色渐变镜，尤其是在拍摄天空时，经常会遇到天空与地面的明暗反差太大的情况。如果对着明亮的天空或灰暗的地面测光，都无法兼顾整个画面的曝光，此时可用渐变镜压暗天空等明亮部分，对着相对中性灰的部分测光，就能够得到一幅曝光准确的照片。

焦距：35mm 光圈：F22 快门速度：1/1000s 感光度：ISO 200 拍摄地点：纳木错

在高强度光线的照射下，景物形成了强烈的明暗反差，利用灰色渐变镜压暗天空，从而使画面中的高光部位不至于过曝，地面和水面的暗部细节得以完整保留

拍摄地点：那曲

焦　距：80mm　光　圈：F11
快门速度：1/8000s　感光度：ISO 100

将渐变镜和偏振镜叠加使用，对着高光部位测光可压暗天空，既突出了光晕的形状，也保留了一部分云彩的细节

4.1.4　合理控制画面的强反差

1. 光比的概念

当光线比较强烈时，景物必然会伴随着光线出现明显的阴影，这就引出了摄影上一个重要的概念——光比。光比是指被摄体亮部和暗部的受光比例，对控制照片的明暗反差具有十分重要的意义。通常，大光比照片具有极强的艺术感染力和视觉张力，小光比画面则柔和，可以说控制光比是对摄影师技术能力的综合考验。

在风光摄影中，大光比画面质感硬，空间立体感强烈；而小光比画面相对而言比较自然、平缓，适合拍摄一些简约的花卉或强调色彩的景物。在拍摄人物肖像时，控制光比有助于刻画人物的性格，大光比强反差适合表现刚强硬朗的男性或极富个性的拍摄对象，而小光比低反差则适合表现妩媚婉约的女性和儿童。

焦距：50mm 光圈：F22 快门速度：[illegible]50s [illegible]度：ISO 100 拍摄地点：大昭寺

采用正逆光拍摄，让镜头中的景物都呈现为剪影效果，画面明暗反差极大，增强了视觉张力。拍摄时，要找到一个亮度适中的次光源，即太阳两侧的云彩部分，对其进行测光可得到较好的画面效果

焦　　距：80mm　　光　　圈：F11
快门速度：1/125s　　感 光 度：ISO 100
拍摄地点：大昭寺

对着蓝天白云也就是以高光部位测光，是为了隐去地面上杂乱的细节，突出屋檐和窗子的细节，明确画面中的明暗配置。画面左边的三条亮光是右边的柱子反光而来的，正好点亮了暗部，使单一的明暗关系更加和谐

2. 控制光比

在西藏的晴天拍摄时，必然会遇到强反差的情况。此时，拍摄者可以根据自己的立意和构思来控制光比，以获得理想的明暗反差效果。在拍摄风光时，可以使用闪光灯为前景补光，以表现暗部的层次和细节，在采用逆光拍摄时要注意控制输出光量，否则就会失去逆光独有的造型效果。在户外拍摄人像时，由于主光过于强烈，因此拍摄对象的眼睛会受强光的影响，造成人物面部表情僵硬、不自然，而且面部轮廓可能会出现阴影。拍摄者可以使用反光板反射或吸收光线，利用柔和的散射光进行拍摄，有利于表现人物的肌肤和神态。

››› 焦距：50mm 光圈：F16 快门速度：1/125s 感光度：ISO 100　　拍摄地点：纳木错

在大面积的蓝天白云下，将玛尼堆和牦牛头骨处理成剪影效果是为了突出其整体轮廓。为了兼顾亮部和暗部的细节，应该对牛头上方的白云与蓝天之间的区域进行测光。此时建议最好使用点测光模式，这样能获得一组最精确的曝光组合

4.1.5 掌握晴天拍摄的曝光技巧

1. 利用测光表获取曝光组合

测光表是一种测量光的强度的仪器，可以在感光度和快门速度已知的情况下获得最佳曝光的光圈值，是专业摄影中必不可少的工具。根据所测光线的性质不同，测光表可以分为反射光测光表和入射光测光表两种。反射光测光表比如相机内置测光表，是用来测量景物反射出来的光线的，测量的是景物亮度；入射光测光表则是用测光表代替被摄体的位置，通过测量照在被摄体上的光线强度来确定曝光组合。

基于18%中性灰，测光表会帮我们计算出一个最接近正确曝光的曝光值，又因为西藏的光照充足，建议根据拍摄对象酌情增减1~2挡曝光补偿。

2. 了解影响测光的因素

晴天光线强烈，方向明确，光线的方向不同，则被摄体的受光面积也不相同，顺光的受光面积最大，侧光的受光面积居中，逆光的受光面积最小。我们常用的相机内部测光表属于反射光测光表，因此直接按照测光表给出的曝光参数拍摄，就有可能导致画面过曝或欠曝，因此需要根据现场光线的情况合理增减曝光补偿。

除了光的方向外，被摄体自身的颜色、亮度和质感也会对测光结果产生影响。相机对一个黑色物体进行测光，基于18%灰的测光原理曝光合适的话，我们照出来的照片会偏暗，因此我们要增加曝光量；对一个白色物体测光，基于18%灰的测光原理曝光合适的话，拍出来的图像会过曝，所以我们要减少曝光量。如果按照相机自测合适的曝光组合来拍摄，最后得到的就是两个中灰色的物体，这显然背离真实情况。对反光的金属测光得到的结果也是不准确的，和白色物体类似，要遵循“白加黑减，越白越加，越黑越减”的原则进行曝光补偿的设置。

测光时要选择画面左侧位于中间区域的白云，目的就是找到中间色彩来平衡整个画面的光比

››› 焦距：17mm 光圈：F11 快门速度：1/250s 感光度：ISO 100 拍摄地点：大昭寺

拍摄地点：山南

采用正逆光拍摄时，由于会有大量光线进入镜头，若采取手动曝光可能导致过曝，因此建议使用光圈优先模式并选择较小光圈，以便使太阳呈现星芒状，为作品增添艺术感染力。此外，还可以利用偏振镜平衡画面光比，使蓝天更蓝，配合五色风马旗可以提高环境的识别度

>>> 焦距：40mm 光圈：F5.6 快门速度：1/30s 感光度：ISO 100　拍摄地点：波密

大面积白色会使相机的自动测光系统判断为过亮，因此自动降低曝光量，结果就是将白雪表现为灰茫茫的效果。此时应该在测光的基础上增加 1 ~ 2 挡曝光补偿，从而获得纯粹的白雪，纯粹的雪景会给观者带来宁静、舒适的感觉

3. 利用直方图判断曝光是否准确

直方图是摄影中判断照片曝光是否准确的依据，其横轴代表的是图像中的亮度，左边是黑，右边是白，纵轴代表的是像素数量。直方图能够显示一张照片中色调的分布情况，当横轴上从左至右都有像素分布时，我们认为这张照片的曝光是正常的；当像素主要集中在直方图的右侧时，说明照片的色调偏亮，照片有可能过曝；当像素主要集中在直方图的左侧时，则表示照片整体偏暗，照片有可能欠曝。在拍摄时，我们应养成及时察看直方图的习惯，这有助于判断照片的曝光是否准确。

需要指出的是，直方图并不是判断照片曝光是否正确的唯一标准，拍摄者的意图和构思也是影响直方图的一大要素。通常逆光和夜景照片的直方图显示不会太完美，因此我们可以根据直方图上像素的作用是为拍摄者提供一个相对直观的画面明暗分布情况，及时调整曝光参数，以便得到曝光更完美的照片。

4. 设置 RAW 格式为后期调整留出空间

在摄影中，所谓的拍摄成功就是指得到了一张曝光刚刚好的素材，画面层次丰富，影调不黑不白，也就是说为后期处理留出了足够的空间。

在光线复杂的西藏拍摄时，拍摄者总会在色彩和细节的取舍间犹豫，有了 RAW 格式，就可以果断地进行拍摄了。RAW 能够记录完整的影像数据，在后期处理时会有很大的调整空间。RAW 格式被称作无损影像文件格式，在成像质量和后期处理方面具有优势。另一种常用的文件格式是 JPEG，它在压缩存储的过程中已经丢失了一部分画面细节。采用 RAW 格式拍摄的唯一缺点是文件容量较大，拍摄前需要准备好足够的存储空间。

4.1.6 学会常用构图技巧

用光之于摄影，就好像画笔之于画家，掌握了用光技巧就等于学会了如何使用画笔，而灵活地运用各种构图技巧则可以更好地驾驭画面。

人们总结出了很多种常用的构图方法，如水平线构图、对角线构图、三角形构图、对称构图、三分法构图、放射线构图、框式构图等，摄影初学者掌握了这些简单的构图法则，也可以获得较好的拍摄效果。但要想获得完美的构图，则需要灵活应用黄金分割法、对称法、均衡法、呼应法、对比法等高级构图技巧。

1. 牢记“黄金分割”原则

黄金比例（1：0.618）几乎适用整个艺术领域，在建筑、绘画、雕塑等各个艺术门类中都经常发现它的身影。在摄影构图时，由于我们无法准确测量这个比例，因此常用三分法或井字构图法来代替。每个画面中有四个黄金分割点，由黄金分割点向画框作垂直的线条，就是黄金分割线。通常我们会将重要的被摄体放在黄金分割点或分割线上，一方面更容易吸引观者的视线，另一方面也能明确区分主体和陪体。

在风光摄影中，在表现地平线的位置时，黄金分割线的应用更加有讲究，如果将地平线摆在画面的二分之一处，便会割裂画面，但重点表现水景倒影的照片除外。地平线要怎么放，取决于拍摄者的表达意愿，如果觉得天空更加有趣，需要重点表现，可以将地平线摆在画面的下 1/3 处；如果要重点表现地面的景色，则应将地平线放在画面的上 1/3 处，让地面占据画面的绝大部分。

>>> 焦距：90mm 光圈：F45 快门速度：1/8s 感光度：ISO 100 拍摄地点：萨迦

地平线处于画面的下1/3处，大面积的天空中布满了形状抽象的云彩，与斑斓的地面细节共同描绘出一幅色彩明快的画面

2. 善用几何学进行构图

无论是哪种构图方法，都是点、线条和形状之间的碰撞。线条又分为直线、曲线、折线等，起到引导视线的作用，当线条配合其他元素同时出现在画面中时，就能承担起传递情绪的功能，比如折线配合立体形状时就会呈现出十足的现代感，而曲线搭配人物或者色彩艳丽的景物时就会传递一种明快、活泼的韵律动感。

利用异形结构的线条引导观者的视线，屋檐的龙头成为视觉焦点

>>> 焦距：17mm 光圈：F13 快门速度：1/160s 感光度：ISO 100 拍摄地点：大昭寺

几何构图法中最常见的就是三角形构图法。正三角形给人一种稳定、可靠的感觉，常用于拍摄建筑；而倒三角形常用于拍摄雷雨前的复杂云层，它充满了暴力、压抑的情绪，给人的感觉与正三角形完全相反。

对称、均衡、呼应、对比这四种构图方式，都旨在使画面更加统一、和谐。对称讲究的是画面的平衡，即面积的均衡；均衡是一门“四两拨千斤”的艺术，讲究体积和色彩上的稳定；呼应则相对要抽象一些，它是指同一画面中的两个物体看似没有丝毫关联，实则缺一不可，画面的几个元素依靠象征关系维持着画面稳定；对比是从色彩、大小、质感、形状、远近等方面来烘托主体，或者制造更强大的视觉冲击力。

在旅游摄影时，可以将这些教条式的构图方式一一打破，利用发散思维将其结合起来，演变为最有利表达情绪的构图方式，这是拍出好照片必须掌握的构图技巧。

3. 不要填满画面

“留白”是中国画中的一个重要表现手法，事实上它同样适用于摄影。一切构图技巧都应该服务于作品的立意和主题，当画面中的主要元素超过三种甚至五种时，谁还能从繁复的画面中一眼发现你要表现的主体呢？画面太满就容易感到压抑，观众无法感知拍摄者的拍摄意愿和感情色彩。因此画面中只需要主体和烘托主体气氛的元素，一定要避免无用的元素干扰画面，留下一些想象的空间反而能让作品的视觉冲击力更强。

这张照片采用大面积留白的构图手法，观者的视线会优先停在“言之有物”的地方，即尼洋河风景，充满天空的白云则是以量取胜，令人产生无限遐想

>>> 焦　　距：80mm
光　　圈：F11
快门速度：1/60s
感 光 度：ISO 100
拍摄地点：尼洋河

4. 让被摄体更明确一些

要想获得这样的画面效果，需要综合应用黄金分割法和减法原则。你可以尝试摒弃掉背景中闲杂的元素，将一个单独的物体摄入画面，此时被摄体“孤独”地出现在画面中，画面虽然极简单，但配合不同的影调就可以有力地传递多种情绪。

>>> 焦距：24mm 光圈：F11 快门速度：1/250s 感光度：ISO 100

这是西藏农民收割青稞的场面，画面的左右两侧对称，处于静态，而画面里的主体人物正在扬场，处于动态，前景和背景的色彩互补，为画面增色不少

5. 为画面构造一个“画框”

这种构图方式被称为框式构图，采用这种构图方式拍出的画面一般都具有很强的形式感。我们可以选择一切具有导向性的物体充当前景，例如窗户、门缝、门洞等，不拘泥于形状和大小，只需让被摄体出现在“画框”中即可。作为前景的画框可以遮挡画面中多余的元素，填充画面空间，有效地将观者的注意力引导到被摄体上。在拍摄园林风光时经常用到这一构图技巧。

这是一幅逆向思维的框式构图作品。我们通常会以窗户为“框”，将被摄主体置于框内。反过来，木架被窗外的光线照亮，小光圈获得的纵深感将观者的视线引导到窗子处，形成十分迷人的光影效果

拍摄地点：德格

>>> 焦距：17mm 光圈：F3.2 快门速度：1/13s 感光度：ISO 320

6. 纳入有生命的元素为照片带来生机

很多摄影初学者拍出的作品美则是很美，但就是显得不够真实，也很刻板。此时，你可以将一些有生命体征的元素摄入画面，例如羊群或者奔跑的野马，一方面可以强调画面的比例和尺寸，另一方面动静结合会使画面充满活力。

很多人一遇到阴天就收起机器待在房间里，事实上，此时的风景别有一番意境。西藏的6~8月为雨季，夜间雨多，而白天则有时晴朗、有时阴沉，这正是拍摄的好时机，就这么放弃摄影计划太可惜了。那有什么办法可以令阴天时的摄影同样精彩呢？

摄于西藏阿里，在阿里地区经常会遇到成群的藏野驴，为了使画面充满动感之美，将相机设置为高速连拍、光圈优先模式，抓拍奔跑中的野驴群

>>> 焦距：70mm 光圈：F10 快门速度：1/1000s 感光度：ISO 400 拍摄地点：仲巴乡

4.2 阴天高原摄影

这幅照片拍摄的是在路边磕等身长头的信徒们，由于是在阴天拍摄，因此地面上没有明显的阴影，人物服饰的色彩得到了较好的还原，红色打破了画面压抑的氛围，对角线构图则增强了画面的纵深感

4.2.1 了解阴天光线的特点

1. 阴天的光照特征

阴天与晴天的光照特征完全相反。阴天时天空中分布着大面积云层，使得太阳光线被分散，方向性差，质感柔和。因此拍出来的照片不会形成明显的受光面和背光面，画面明暗反差小、边界模糊，画面的视觉冲击力远不如晴天。但与晴天相比，阴天的影调更加柔和，画面层次丰富，色彩饱和度较高，可以较好地表现被摄体的质感和细节。

2. 适合阴天拍摄的题材

对于摄影而言，没有好天气和坏天气之分，只要根据天气的光照条件选择适当的题材去表现，一样可以获得满意的作品。阴天的光线主要为散射光，造型作用不明显，能见度也较差，应该以表现近景小品为主，避免拍摄空间纵深感强烈的远景以及立体建筑；在阴天拍摄花卉、树叶也是不错的选择，色彩还原度比晴天要好；在阴天拍摄古建筑、寺庙、佛像或老旧物件等，除了影调细腻、层次丰富外，还可以表现被摄体独有的历史沧桑感；在拍摄风景时，阴天的光线可以让照片充满一种油画的静谧美感；在阴天还可以利用慢速快门来拍摄河流、瀑布，使水流呈现出丝绸般的美感。

「阴天光线的方向不明确，因此被摄者的面部没有阴影，皮肤的色泽、质感和面部神态都得到了极好的表现。深深的皱纹是藏族老人勤劳、辛苦的证明，将转经的手势和转经筒一并摄入画面，有助于刻画被摄者的精神特质」

拍摄地点：新路海

>>> 焦距：200mm　光圈：F2.8
快门速度：1/320s　感光度：ISO 100

利用阴天的散射光拍摄藏族人物，在曝光时切记宁欠勿过，一旦过曝，被摄主体和环境的色彩、质感和细节都无法完整地表现出来。在后期处理时，过曝的修复难度要大于欠曝，因此为了使画面不至于太暗，应该在色彩搭配上多下工夫，想办法提亮画面。

>>> 焦距：21mm　光圈：F4.0　快门速度：1/25s　感光度：ISO 100　拍摄地点：罗布林卡

「西藏的寺庙有着不同于其他地域建筑的特色，雕刻和装饰等局部细节都与宗教信仰和风俗相关，截取其有代表性的局部具有以小见大的表现力。这幅作品中的漆画色彩斑斓而和谐，金色门环上的哈达点明了作品的主题和地域特征，采用近景景别拍摄使主体充满整个画面，细节和色彩得到了全面的体现，画面给人留下深刻的印象」

>>> 焦距：80mm 光圈：F13 快门速度：1/80s 感光度：ISO 100　　拍摄地点：浪长子

柔和的光线使花草的颜色更加饱和，绿草地中掩着一丛丛粉色小花，色彩对比强烈，改善了阴天画面平淡的窘况

4.2.2 选择合适的曝光组合

1. 使用大光圈保证画面亮度

充足的光线是恰当曝光的先决条件，而阴天的光线较暗，要想得到正确的曝光组合尤为困难。为了得到一张正常亮度的照片，我们会选择大光圈来拍摄，大光圈可以突出主体、虚化背景，同时能够保证进光量，以获得更高的快门速度。例如在拍摄人像时，首先应将拍摄模式设置为光圈优先，并将光圈设为最大值，然后使用点测光方式对准被摄者的脸部进行测光，与被摄者的距离越近越能保证主体的曝光准确，注意不要挡住光线。

2. 利用高感光度提高快门速度

当光线暗到一定程度时，此时相机给出的快门速度值已经达不到安全快门值，手持拍摄会使画质下降，此时使用三脚架可以获得更高的清晰度。如果没有三脚架，可以调高 ISO 感光度的数值，例如使用 ISO400、ISO640 等，这样会获得更高的快门速度。

在阴天拍摄时，曝光也应本着宁欠勿过的原则，曝光稍微欠一点可以渲染画面的气氛，为了获得亮度而丢失细节是得不偿失的，使明暗反差不分明的画面更加平淡无奇。使用三脚架不但可以提高拍摄的稳定性，同时还可以延长曝光时间，将空气中的水汽凝结成云雾，制造出漂渺、仙境般的画面效果

>>> 焦距：70mm 光圈：F7.1 快门速度：1/80s 感光度：ISO 100 拍摄地点：林芝

>>> 焦距：600mm 光圈：F11 快门速度：1/500s 感光度：ISO 100 拍摄地点：措勤

曝光量的多少决定所拍画面的影像效果。过曝会使影像的色调偏淡，欠曝则会令色调变暗，准确曝光有利于还原景物真实的色彩。画面中是一群正在奔跑的藏野驴，利用高速快门定格运动的瞬间，准确的曝光参数使动物皮毛的质感和细节得到充分的表现

4.2.3 运用好色彩

1. 什么是色温

色温是表示光源光色的尺度，单位为 K（开尔文）。光源的色温是通过绝对黑体来定义的，绝对黑色辐射体与光源的色彩相匹配时的开尔文温度就是那个光源的色温。

色温与亮度成反比，色温越高，则亮度越低，颜色也越偏蓝；反之，色温越低，则亮度越高，颜色也越偏黄。

阴天的色温大约在 6800K~7000K，如果相机设置的自动白平衡不足以校正过多的蓝光，画面就会呈现灰色色调。

>>> 焦距：32mm 光圈：F11 快门速度：1/160s 感光度：ISO 100　　拍摄地点：曲水

这是秋天收割青稞的景象，前景中成熟的青稞好像一个个跳跃的音符，大面积的金黄色调是低色温的表现。这幅作品出彩的地方是色块的对比，蓝天、绿树和青稞不但交代了拍摄时间和环境，丰富了画面内容，而且还可通过色块面积的大小和结构突出主体，金色田野占据了画面的大部分面积，正在弯腰劳动的农民成为整个画面的点睛之笔，点明了拍摄主题

2. 调整白平衡

白平衡是数码相机用来平衡光线色彩偏移的一种功能，不管在任何光源下，都能将白色物体还原为白色，我们可以通过选择不同的白平衡模式来达到调校色温、还原色彩的目的。当所设置的白平衡足以平衡偏色时，则称这张照片的颜色还原正确；如果选择其他与当时色温不符合的白平衡模式，则可以为照片带来一些特殊的偏色效果，这也是艺术创作的一种表现手法。

不同的天气和光照条件会使作品的色彩产生不同的效果，从而影响人眼的视觉观感。由于我们熟悉眼前景物的真实色彩，大脑会根据当前环境自动调整眼睛对色彩的认知，而相机则会忠诚地还原当时的色彩。在阴天拍摄时设置阴天白平衡模式，才能使被摄景物的色彩得到准确还原，同时也可以灵活地控制色调。

>>> 焦距：18mm 光圈：F8.0 快门速度：1/250s 感光度：ISO 200 拍摄地点：纳木错

日出时光线的色温较高，天空是大面积的冷色调，蓝色是画面中的基础色调，给人以寒冷、客观的心理感受，云彩厚重而富于变化，为画面增加了些许生机。高照度的迎宾石呈现为暖色调，在冷暖对比之下，其成为了整个画面的视觉焦点

4.2.4 阴天拍好风光的技巧

1. 善用阴天的光照条件

（1）柔光

阴天的光线虽不如晴天的直射光线那样具有明显的造型作用，但却可使天地间的万物都处在一个巨大的柔灯箱里，影调柔和，色彩清新、淡雅，非常适合拍摄人像题材和其他柔美主题的表达，只需要稍微补光就可获得不错的画面效果。

>>> 焦距：135mm 光圈：F/7.1 快门速度：1/125s 感光度：ISO 100

金黄色的植被是画面的主要色调，绿色小草掩映其中，柔光使这些细节得以保留，同时人物没有产生明与暗的对比，整体形象温和而不生硬

拍摄地点：工布江达

（2）局域光

局域光是指景物的某一部分被光线照亮。局域光也叫舞台光，是西藏风光摄影中极具表现力的光线之一，局域光能让大地上的景物产生明显的对比和反差，拍摄人文、纪实题材时，能够使画面更加简洁，视觉张力极强，从而更好地突出主体。

››› 焦距：190mm　光圈：F6.3　快门速度：1/125s　感光度：ISO 100　拍摄地点：道孚

一部分绿色山野被光线照亮，而其他部分则处于阴影中，这是由局域光的光照特征决定的。前景中尚未被照亮的部分呈深色调，尼罗河水好像一条光带流淌而过，使画面中的明暗配置和谐统一。此时应该对准高光点测光，切忌曝光过度，否则无法保留暗部细节，也就失去了局域光独特的效果

2. 通过构图改善画面

阴天的天空一片灰色，云彩的层次不够丰富，天空画面缺少亮点，因此拍摄时要提高机位，将表现重点放在地面景物上。

选择拍摄对象时，应该优先选择色彩明快的景物，例如树木、花卉等，此时利用偏振镜和渐变镜也可以提高色彩饱和度，调和阴天的压抑气氛。

>>> 焦距：80mm 光圈：F8 快门速度：1/60s 感光度：ISO 100　　拍摄地点：古乡

阴天没有美丽的光影效果，表现力不足，因此在拍摄田园风光时一定要摄入色彩浓重的景物，同时使被摄体占据画面的大部分面积，避免出现色彩平淡的天空

阴天的光照条件传递着一种平淡、颓废的情绪。相对而言，三分法、对称法等稳固的构图方式很契合阴天的特点，而几何形状、对比、节奏、框式和对角线等形式感较强的构图方式则能打破这种烦闷的画面氛围。

「当光线条件不尽如人意时，选择室内拍摄无疑可以避免烦恼。这幅作品打破常规，采用另类视角向上仰拍，广角镜头的使用令木窗的形状产生了夸张变形，节奏感十足，不规则构图方式使作品的视觉冲击力更强。另外，从木窗透进来的光线使画面的影调过渡细腻而和谐，稍微曝光不足也可凸显黑白之间的对比和关联」

拍摄地点：下密院

>>> 焦距：14mm 光圈：F13 快门速度：1/25s 感光度：ISO 125

3. 保留画面的层次感

阴天的光照条件会使画面的明暗反差较小，丧失了风光照片最需要的空间感和距离感，视觉张力和感染力也大大降低了，我们可以利用一些技巧进行弥补。

（1）找到前景

前景是什么？每张照片都有被摄主体，我们把被摄主体之前的景物叫前景，前景最主要的作用就是表现景物的空间感和距离感，有了前景，就很容易划分一张照片的前景、中景和背景了。

例如：阴天的空气中含有大量的水汽，远处的景物要比近处的景物暗很多，此时，适当的前景可极大地提高画面的艺术感染力。

对于在西藏拍摄风光而言，寻找前景并不难。随处可见的玛尼石堆、彩色的风马旗、牦牛都可以作为前景，前景可以使画面更具层次感，而且还能增加照片的信息量。比如湖泊前面的吉祥物、田园中的经幡、雪山上的风马旗等，这些都可以成就一幅构图完整、立意鲜明照片中的前景。

「前景中的牦牛头骨上，一条金黄色的哈达为阴沉的画面增加了亮点，将观者视线导向前面蜿蜒而去的羊湖，画面的空间感油然而生」

拍摄地点：羊湖

>>> 焦距：16mm 光圈：F10 快门速度：1/250s 感光度：ISO 100

阴天没有美丽的光影效果，表现力不足，因此在拍摄田园风光时一定要摄入色彩浓重的景物，同时使被摄体占据画面的大部分面积，避免出现色彩平淡的天空

(2) 控制景别

什么是景别？景别是指由于镜头与被摄体之间距离的变化，造成被摄主体在感光元件上成像大小和范围的不同，由远及近分别称为远景、中景、近景和特写。

景别是影响构图的重要因素之一，选择不同的景别，呈现的画面效果也有所不同。在拍摄过程中，改变拍摄距离和焦距都可以影响画面的景别。拍摄距离是指相机与被摄主体之间的远近变化，在焦距不变的情况下，拍摄距离越近，则景别越小，影像就越大；拍摄距离越远，则景别越大，影像就越小。另一方面，当相机与被摄主体之间的距离不变时，焦距越长，则景别越小，影像就越大；焦距越短，则景别越大，影像就越小。

使用广角镜头获得的远景画面具有很大的景深。画面中除了主体以外，还可包含更多的环境因素，在衬托、渲染和表达情绪上有独特的作用，利用公路作为前景能够延伸视线，增强画面的纵深感

拍摄地点：白浪

>>> 焦距：39mm 光圈：F8.0 快门速度：1/640s 感光度：ISO 200

控制景别可以有效地改善画面的结构，用广角拍摄远景会凸显出画面的空间感，但一定要注意不要把画面拍得太散。如果远景画面缺乏亮点，可以使用长焦镜头选取具代表性的局部，表现细微的层次过渡，缥缈柔和的气氛很适合表现安谧的风景主题。阴天还是拍摄以小见大题材的好时机，例如小品。

使用中焦镜头拍摄时，可以选取被摄主体的大部分，同时画面中还能保留一些环境元素，用以渲染气氛。中景别使黑色的门呈现出较强的质感，细节表现十分清晰，同时喇嘛的服饰色彩还原较好，黄色与黑色形成了明显对比，从而使主体显得更加突出

利用长焦镜头压缩画面空间，转经筒和转经者的手占据了整个画面的绝大部分面积，采用特写景别主要是为了刻画细节和局部特征，对转经筒的进一步放大，给人以一种强烈的视觉冲击力和动感

焦　距：24mm　光　圈：F4.0
快门速度：1/8s　感光度：ISO 125
拍摄地点：多东寺

4.2.5 阴天拍好人像的技巧

阴天是天然的柔光箱，在阴天拍摄人像，人物的面部表情自然，皮肤质感细腻。但受光照条件的限制，人物的整体形象难免呆板，画面缺乏亮点，颜色比较单一，如果想使画面看起来丰富多彩，就需要控制色调。色调是指彩色画面中色彩之间的整体关系，构成画面色调的是画面中占主导地位的色彩。不同色调传递的美感和情绪完全不同，通过设置白平衡、控制曝光、使用滤镜、后期调整等技巧都可以改变画面的色调。

1. 使主体与背景分离

阴天的能见度较低，明暗界限不明显，人物经常和灰蒙蒙的背景混为一体，造成主体不突出的尴尬。因此，在阴天拍摄时一定要选择鲜艳活泼，或者与背景色彩能形成明显对比的服装，这样画面就有了视觉焦点。

在选择背景时，一定要注意与人物之间的明暗反差。深色背景可以让人物的皮肤看起来更加白皙，以显得更有精神；而浅色、高亮的背景会让人物的肤质看起来灰暗。当选择大面积天空作为背景时，就算人物面部曝光正常，天空过亮也会显得人脸暗淡，因此在拍摄女性肖像时应尽量避免。

>>> 焦　　距：180mm　光　　圈：F2.8
快门速度：1/200s　感 光 度：ISO 100
拍摄地点：新路海

为了更好地刻画人物的面部表情，拍摄时距离被摄人物很近，对其额头测光并对焦，减少1~2挡曝光补偿可以使画面的色彩更加饱和，通过控制景深使主体充满画面，可以集中观者的视觉注意力

>>> 焦距：200mm 光圈：F7.1 快门速度：1/50s 感光度：ISO 100　拍摄地点：罗布林卡

这是传统的藏族佛教活动，选择大树下面的黑色阴影作为背景，服饰的色彩十分艳丽，其色彩得到了最大程度的还原，而且饱和度较高，在整个画面中占据绝对的主导地位，从而点明拍摄主题。曝光时以人物面部为测光基点，使用较小光圈可以获得足够的清晰度，有助于表现人物的面部神态。构图时应尽可能让服饰艳丽的人物充满画面，从色彩、面积和空间划分上使主体与陪体分离，背景中的群众旨在于交代拍摄环境，增强画面的现场感

西藏的气候多变，我们经常在路上遇到各种突发状况，十分考验摄影人的技术能力。拍摄这幅作品时正赶上薄云的阴天，路边的牧民在休息时依然在祷告转经，对人物的面部测光并对焦，采用低机位仰拍，将远山、天空同时摄入画面，大面积的空白和前景中的实物形成明显对比，从而突出主体。近距离拍摄便于得到更好的成像质量，有利于刻画人物的精神面貌

>>> 焦距：16mm 光圈：F22 快门速度：1/30s 感光度：ISO 100 拍摄地点：藏北草原

野花丛中一个藏族少女翩翩起舞，姿态曼妙。此画面的构图元素虽简单，但拍摄立意和构思却不简单，利用动静、大小、颜色之间的差异，拉大了主体与背景之间的反差，尤其是舞蹈的少女与绽放的花朵之间，又有一种情感上的共鸣，容易引起观者的联想

拍摄地点：岗乡

>>> 焦距：19mm 光圈：F11 快门速度：1/160s 感光度：ISO 200

2. 使用广角、长焦和大光圈

在阴天拍摄人像，应着重强调被摄者的肤质、神情等细节。用光圈优先模式，调大光圈或者提高感光度，是拍摄人像的常用技法。在拍摄时，使用点测光模式直接对人像面部测光，这样可以得到十分精准的曝光参数，测光时尽量不要遮挡光线。

长焦可以压缩空间，获得较小景深，使主体在画面中占据较大的面积；大光圈在阴天拍摄时极具使用价值，可以在弱光环境下获得较高的快门速度，虚化背景、突出主体；使用广角镜头拍摄时，拍摄距离越近，对被摄主体的强化作用就越明显，可以尝试采取不同的视角进行拍摄，以获得更有视觉冲击力和艺术感染力的画面。

>>> 焦距：17mm 光圈：F8.0 快门速度：1/800s 感光度：ISO 200 拍摄地点：色拉寺

使用广角镜头和小光圈拍摄，以藏族老阿妈为前景，可强化其表现效果，从而区别于其他藏胞，以其面部为测光基点并曝光，色彩还原逼真

>>> 焦距：40mm 光圈：F5.0 快门速度：1/1250s 感光度：ISO 640 拍摄地点：大昭寺

画面的色彩很丰富，藏族群众将五谷杂粮和红珊瑚、绿松石、水晶、钱币混在一起，向一个金黄色法器中不停地抛洒，祈求五谷丰登、六畜兴旺。使用广角镜头近距离拍摄可以压缩画面的空间，采用特写景别很好地刻画了其手掌的细节

3. 使用闪光灯为人物补光

在极端的光线环境中，有时候快门速度和光圈的各种组合都无法达到我们的预期效果，画面过暗或者过亮导致照片的整体色调受到影响。在阴天拍摄人像时，人物会因为光照不足而显得过暗，此时必须使用闪光灯对其进行补光。

使用相机内置闪光灯时，应该尽量让被摄者的面部与相机保持在同一个高度，这样能使被摄者受光均匀，光线也不会显得那么生硬。闪光灯的强度与距离会对补光效果造成影响，闪光太强和距离太近都有可能使被摄体过曝。拍摄时一定要避免相机与被摄者之间存在高大物体，比如树木、立体雕塑等，在闪光灯工作时，它们会投下阴影，影响画面的整体构图。

使用外接闪光灯则有更大的发挥空间。把闪光灯当作辅助光源，使其光线打到反光板上，这样反射到被摄者面部的光线就是质感柔和的散射光，均匀而自然，无需直接对被摄者补光，也不会出现主体过亮、背景过暗的情况。

阴天的光线照度差，为了更好地表现人物的面部细节和神情，使用闪光灯补光提高了人物的亮度，同时尽可能地靠近被摄主体。黑白照片更注重影调的变化，画面中黑、白、灰三种色调的过渡层次丰富而细腻，纪实性与艺术性并存

拍摄地点：那拉根

>>> 焦距：17mm 光圈：F10 快门速度：1/200s 感光度：ISO 200

这幅作品拍摄于大法会上，藏族群众正在聆听活佛讲经。为了表现转经筒的质感，在拍摄时需要进行补光，由于顾及被摄人物与相机之间的距离过近，使用闪光灯会使人物的面部光线过于生硬，因此使用了反光板进行补光。此时应以人物的脸部为基准进行曝光，以便获得比较准确的色彩还原

拍摄地点：白居寺

>>> 焦距：165mm 光圈：F2.8 快门速度：1/200s 感光度：ISO 100

4.3 雨天高原摄影

◆◆ 焦距：19mm 光圈：F4.0 快门速度：1/10s 感光度：ISO 400 拍摄地点：布达拉宫

雨后的布达拉宫焕然一新，显得更加庄重、圣洁。在雨后拍摄建筑的夜景，曝光是个难题，因为地面的积水倒映着布达拉宫的影子，明暗反差很大。由于数码照片曝光过度会导致高光层次损失较多，而欠曝时高光层次能够得到一定的保留，而暗部细节损失得相对较少，在后期处理时有更大的调整空间。因此，拍摄这幅作品时是以布达拉宫为曝光基准的，这样可以增加地面倒影的反差。

4.3.1 保护摄影器材

雨天拍摄不但受限于光照条件，摄影器材的保护也是重中之重。

1. 机身防水

数码相机机身内部的电子元件最怕水，在雨天拍摄时，必须为相机穿上一件“雨衣”。你可以选择专用于水下摄影的防水罩，效果好但价格不菲；最实惠的办法就是把一个塑料袋套在相机机身上，再把遮光罩装在镜头上，然后用剪刀把镜头前面的塑料剪掉，同时最好用胶带把塑料袋和相机连接的地方粘牢，避免雨水渗入进来。

2. 镜头防水

镜头受潮后有可能产生霉菌，导致成像质量大幅下降。UV 镜是保护镜头的利器，同时使用遮光罩就可以避免镜头沾水。

4.3.2 选择拍摄主题

西藏的雨季为 7、8 月份，一般急雨多，很少连续多日下雨，而且气候变化较快，一天可经历四季，运气好的话，守得云开见彩虹，是高原地区难得的美景。雨天的光线特征与阴天相似，空气中悬浮粒子多、不通透，画面缺少层次感和立体感，因此适宜表现较小景别的景物，在拍摄大景别时可以利用大气透视规律来表现空间距离感。

1. 彩虹

在西藏的雨季，彩虹并非罕见的美景，但彩虹一定要在顺光条件下才有可能拍到，因此在雨后一定要注意观察。彩虹是空气中的水滴经过太阳光的反射和折射后出现的一种光学现象，因此它不是一个实像，在拍摄时建议选择深色背景来衬托彩虹的色彩。拍摄时可以尝试采用不同的焦距段去表现彩虹美景，使用16 ~ 24mm 广角焦距可以将彩虹的整个弧度全部摄入画面；使用长焦镜头的 200mm 焦距可以拍到彩虹的一端与地面或水面垂直的画面，适合拍摄彩虹的特写。

暴雨过后，雅鲁藏布江上架起了一座“彩虹桥”，在拍摄时选择深色的山体作为背景很好地衬托出了彩虹的色彩，减少半档到一档曝光有利于提高彩虹的色彩饱和度

拍摄地点：帕隆藏布江

››› 焦距：17mm 光圈：F7.1 快门速度：1/640s 感光度：ISO 200

2. 植物上的雨珠

雨后的植物也是很好的拍摄题材，此时花朵、树叶上的雨珠晶莹透亮，可以使用微距镜头拍摄其特写。

››› 焦距：27mm 光圈：F4.0 快门速度：1/5s 感光度：ISO 100

拍摄地点：大峡谷

雨后的光线十分柔和，有利于表现植物和花朵的色彩。拍摄时利用逆光仰拍，不仅清晰地表现了植物叶片上的脉络和色彩，也利用前景中的苔藓衬托出了绿色叶片的清透质感

3. 藏族群众生活

在雨天选择拍摄对象并非难事，藏族群众的一些日常生活也有很高的关注价值。例如，雨天在牧民家里拍摄其生活场景或者小品等，它们会因为雨天的光照条件和气氛而变得与往日不同。此时的拍摄重点在于关注细节和层次，通过不同的曝光参数和拍摄角度使被摄体变得新奇而有创意。

由于雨势太大，户外无法继续拍摄，因此我将镜头转向了藏族群众的帐篷中。这是一个藏族妇女背着孩子在打糌粑的画面，由于光照不足，拍摄时必须采用大光圈去保证曝光量。在整体黑暗的环境中，在征得被摄对象同意后，可以使用闪光灯进行补光，这样可以突出主体

拍摄地点：邦杰塘草原

>>> 焦距：26mm 光圈：F2.8 快门速度：1/30s 感光度：ISO 640

4. 雨水景象

除了随机选择对象以外，我们还可以拍摄雨天独有的景象，雨水的形象便是一个大的拍摄主题。雷阵雨和大暴雨的雨滴速度快而形体大，与地面或质感强硬的物体相撞时会四下溅落，水花形成了一个个力度极强的高光点；小雨的雨点较小，无法表现情绪充沛的画面，利用深色背景拍摄则能形成一种烟雾蒙蒙的柔美画面，可以充分表现大气透视现象。这些景象都具有十分明显的雨天特色，是渲染画面必不可少的元素，可以更好地表达构思和主题。

去往珠穆朗玛峰的路上，大雨滂沱，道路显得更加崎岖。拍摄这幅作品时正处于日喀则地区前往珠穆朗玛峰著名的“搓板路”上，路面凹凸不平，利用路面积水的反光效果强调攀登世界最高峰——珠穆朗玛峰的艰难，画面的影调层次也预示了摄影人路途的艰辛。挡风玻璃上一大滴雨水使前方的车辆看起来有点“变形”，画面趣味十足

拍摄地点：曲松村

>>> 焦距：37mm 光圈：F7.1 快门速度：1/100s 感光度：ISO 200

（1）雨线

拍摄雨景时，快门速度的选择将直接决定雨水的成像效果。快门速度太快会把雨水凝结为一个小点，快门速度太慢则会把雨水拖成一个毫无美感的长条，容易割裂画面的整体性。我们通常使用 1/30s 到 1/60s 的快门速度，选择雨丝成 45° 方向时拍摄，可以强调雨水降落时的动感。在实际拍摄时，可以遵循雨大使用高速快门、雨小使用低速快门的规律，雨水就会在画面中留下一道道短线，同时可以利用曝光补偿来改变画面的亮度，配合雨水的状态来渲染气氛。选择深色背景可以凸显明亮的雨丝，切勿选择浅色景物或天空作为背景。

（2）雨滴

要想在画面中凝结雨滴，我们可以使用 200mm 以上的长焦镜头配合 1/1000 s 以上的快门速度进行拍摄。当光线较暗时，要注意光圈与感光度数值的设置，将感光度调高至 ISO800 或 ISO1600 以上，使用大光圈（如 F4、F2.8）可以获得较高的快门速度，有助于获得合适的曝光值。

雨滴落在水面上会产生一圈圈涟漪，这也是拍摄雨景时广受欢迎的题材，它可以使画面具有抽象的艺术美感。拍摄时我们可以采用浅景深，使水滴在画面中占据较大面积，以突出其主体地位，同时虚化背景，让雨滴和涟漪都能获得准确对焦。

拍摄雨滴时必须控制拍摄距离，如果镜头与雨滴距离过近，那么一滴小小的雨点也会挡住其他景物，从而影响构图效果。有时我们也需要这种特殊的表现效果，但一定要避免器材受潮。

››› 焦距：28mm 光圈：F6.3 快门速度：1/125s 感光度：ISO 100　　拍摄地点：金达村

在西藏，时常可以看到不远千里而来的骑行者，他们代表着自由和活力。而此时，雨势渐大，车窗上已经聚集了密密麻麻的雨珠，骑行者们披着各种颜色的雨衣，依然坚定地前行。拍摄时有意舍弃雨中的山水景物，而将镜头对准路上仅有的几个背影，一方面是由于色彩鲜艳的三个点状元素可以打破雨天的沉闷气氛，另一方面也唤起了拍摄者的思想共鸣，希望利用环境元素去表达他们的追求和精神

5. 闪电

夏季的暴雨天会出现闪电，场面壮丽而诡异，尤其是在夜间，强烈的闪电光划破黑色天空时，画面极具张力。

拍摄闪电时必须将相机朝向暴风雨发生的方向，然后把快门速度调到B门，此时使用三脚架可以保证成像质量。在闪电发生前按下快门，闪电过后松开快门，就可以得到一张闪电照片，长时间曝光可以在画面中叠加多个闪电。

夜晚拍摄闪电时无需关注曝光情况，如果天空并非一片黑暗，就要注意曝光过度的问题。过曝会严重影响闪电在画面中的效果，画面视觉冲击力将大打折扣。除了降低曝光补偿外，还可以在镜头前加一块中灰密度滤镜，降低光线强度，避免画面曝光过度。

6. 城市或建筑

阴雨天气时，天空亮度较高，而地面景物较暗。由于雨水具有反光的特性，因此明亮物体的高光部位会十分突出，为平淡的画面增添了亮点。比如街道地面上的积水倒映着建筑和广告牌，在散射光的作用下，会产生与平时不同的光泽，色调淡雅、清新。雨后的夜景具有很高的拍摄价值，水面倒映着霓虹灯，色彩饱和度较高，画面内容丰富而生动。

拍摄雨中的城市，无需刻意制造空间立体感，应该将重点放在行人、车辆等对象上，利用雨天的光照条件和氛围来表达情绪。在室内也可以拍摄雨景，透过挂满雨滴的玻璃窗去表现室外风景时，不但可以渲染雨天的气氛，而且使画面显得更加灵动。

>>> 焦距：26mm　光圈：F6.3　快门速度：1/50s　感光度：ISO 100　拍摄地点：松多

雨后的林荫小路，湿润的水泥路面反射着金属一般的光泽，在两旁绿树的映衬下呈现出较好的质感。在拍摄这幅作品时，一直期待着有行人或者车辆的经过，可以为画面带来一丝动感，然而玻璃上渐渐聚集了越来越多的雨滴，景象呈现出一种类似失焦的画面效果，令观者充满紧张和不确定的情绪。作为画面主体的小路一直延伸到远方，在增加画面深度和空间感的同时，也强化了这种情绪的表达，整个作品充满了未知的压抑感

7. 人物

与其他天气情况相比，雨中的人物很有特色。有些人因为等车而眉头紧锁，有些人比较焦躁，每个人都会呈现出一些显性情绪，有利于表达拍摄者的意图。与晴天、阴天拍摄的人像相比，雨天的人像更加有趣、生动，具有十足的生活气息，只要灵活利用白平衡和精确控制曝光，雨天的人像丝毫不逊色。

焦距：17mm　光圈：F9.0　快门速度：1/80s　感光度：ISO 160　拍摄地点：玛尼干戈

雨中，披着塑料雨衣的藏族群众和孩子，他们局促地望着镜头。雨天的光线不具有明确的方向性，有时候路面积水会产生强烈的反光，由于其亮度极高，因此曝光很难控制。拍摄雨中人物要对被摄对象的脸部测光，主要反应人物的特点以及与环境的关系

在大雨过后拍摄时，为了反映户外街道的空旷感，建议大家尽量水平横向拍摄，尽可能减少使用垂直构图和竖拍。横拍时使用广角镜头可以使人物呈现出具有方向感的延伸，同时可以改善雨景空间感较弱的问题

焦　　距：40mm
光　　圈：F10
快门速度：1/60s
感 光 度：ISO 100
拍摄地点：拉萨

4.3.3 雨天的拍摄技巧

1. 寻找趣味点凸显主题

在摄影中，趣味点是相当重要的元素，它可以平衡画面的结构，提高构图的稳定性，也可以成为视觉焦点，凸显主题。雨天的光照条件会令画面充满压抑和负面情绪，寻找或制造趣味点可以使作品变得更生动、有趣。

在选择对象时，要考虑到趣味点的大小、形状、颜色等在整个画面中起到的作用，通过与其他元素之间的联系，从而起到平衡画面视觉和增强画面趣味性的作用。一般而言，红色雨伞、绿色荷叶、电线上的鸟等色彩艳丽、趣味性高、与背景色差大的物体都可以成为趣味点。

焦距：17mm 光圈：F13 快门速度：16/5s 感光度：ISO 100 拍摄地点：林芝

在雨天拍摄时，光照条件较差，尤其是森林、峡谷、小巷等较为幽深的地方，光线更加暗淡。因此，除了尝试使用不同曝光参数外，我们还可以尽可能地摄入一些红、黄、蓝等浓重色彩的景物。在这幅作品中，几个衣着鲜艳的藏族群众恰好路过，为画面带来了视觉变化，同时使用慢速快门将行走的人物虚化，利用虚实对比创造了画面的趣味性

2. 运用影调表现景物

（1）影调和基调

在摄影语言中，影调是一个十分重要的概念，它与点、线一样，都是画面造型的重要元素。那么影调是什么呢？概括而言，不同亮度、不同色彩的景物在通过相机的曝光处理后，在

胶片或数字影像感光器上形成影像，在画面上所产生的黑、白、灰的调子就称作影调。

所谓基调，指的是拍摄者根据自己的拍摄主题和构思，同时参照拍摄环境以及拍摄对象的特点，将黑、白、灰中的某个影调以绝对优势贯穿整幅画面，从而形成一个总体影调。基调共分为高调、低调和中间调三种，画面总体较明亮的影调称为高调或亮调；画面层次总体比较阴暗的影调则称作低调或暗调；中间调的画面以灰色影调为主，是三种基调中层次最为丰富的，可以充分表现被摄对象的空间感、立体感和质感。

>>> 焦距：200mm 光圈：F11 快门速度：1/60s 感光度：ISO 100

雨后，草原的沼泽地里长出了一些草墩，高出水面几十厘米甚至一米，俗称“塔头”。由于水面倒映着天空中的白色云彩，呈现出大面积白色或灰白色的色调，使作品呈现出高调效果。白色的水面与绿色的塔头形成了明显的反差，令塔头的色彩更加饱和，质感更强，给人一种明快的视觉感受

拍摄地点：岗嘎子

>>> 焦距：125mm 光圈：F10 快门速度：1/125s 感光度：ISO 100

拍摄时阴云密布，暴雨即将到来，天地一片灰暗，因此作品以灰色为基调，山体和纳木错水面的层次清晰，线条和轮廓分明，是一种典型的中间调效果的画面

拍摄地点：纳木错

>>> 焦距：90mm 光圈：F45 快门速度：1/60s 感光度：ISO 100

拍摄这幅作品时太阳将要完全落山，光照条件不足。在这种条件下，针对亮部测光并大幅度降低曝光可以使作品呈现一种暗调效果，画面中亮部区域是由于河流的反光以及云彩吸收光线形成的，这幅暗调作品给人一种神秘、未知的心理感受

拍摄地点：尼洋河

(2)影调的造型作用

要想拍好雨天的景色，除了要掌握雨天的光线特征外，熟悉雨天的影调构成也是很有必要的。在雨天拍摄时，被摄体主要接受天光照明，空气介质厚重，远处的景物较亮，轮廓清晰度较差，色彩饱和度也较低；近处的景物亮度不足，但清晰度较好，又由于被摄体自身反光较多，因此色彩很浓郁。

我们可以根据被摄景物的特色，选择合适的拍摄距离、拍摄方向和拍摄角度，利用自然界本身的明暗配置规律、轮廓清晰度的不同以及色彩饱和度的区别，在画面中营造出黑、白、灰深浅不同的影调效果，形成影调对比，从而更好地表现空间纵深感和距离感。雨天取景时要保证画面中既有明亮的高光部分，又有暗淡的低调部分，从而丰富画面影调。

>>> 焦距：100mm 光圈：F7.1 快门速度：1/60s 感光度：ISO 100
拍摄地点：古乡湖

拍摄这幅作品的目的就是表现中国山水画的写意情趣，利用大量留白的手法使作品呈现一种幽然禅意。为了获得理想的效果，拍摄时对深绿色的树进行对焦和测光，增加两挡曝光补偿可以使画面的雾气更白、更浓，以掩盖背景中的杂乱景物，从而成为一幅高调作品，整个画面给人一种清新、明快、纯净的感觉

>>> 焦距：80mm 光圈：F11 快门速度：1/60s 感光度：ISO 100
拍摄地点：岗嘎子

这幅作品拍摄于珠穆朗玛峰脚下的老定日，暴雨过后，天空的乌云尚未散尽，阳光却透过云缝照亮了地面。拍摄时巧妙地将一小片沼泽作为前景，积水吸收了天空的紫外线之后呈现深蓝色，与天空形成呼应关系，使整个画面都充斥着这种沉重的颜色。同时利用侧光为整个画面制造出了大面积阴影，一方面迎合阴郁的画面气氛，表现暴雨的力量感和不确定性；另一方面也使中景的褐黄色草甸与深蓝色天空形成明显对比，利用景物的明暗和色彩层次去表现作品的影调层次，从而突出画面主体

>>> 焦距：80mm 光圈：F8 快门速度：1/60s 感光度：ISO 100　　拍摄地点：拉孜

「拍摄这幅作品时雷声轰隆，天空中飘满了厚重的乌云，因此采用了三分法构图，阴沉的天空只占了画面的三分之一，一方面加强了作品的空间感，同时也使作品的影调范围得到平衡，成就了一幅层次细腻、色彩丰富的中间调作品。选择油菜花作为前景，优美的曲线给人美的视觉感受，这时要以油菜花为测光基准并增加一挡曝光量，以准确还原色彩，与远景中的压抑气氛形成对比」

另外，运用影调还可以表现被摄景物的质感，渲染画面氛围，平衡画面结构。具体到雨天的拍摄，我们主要通过影调对比为画面造型。

3. 制造虚实对比美化画面

在雨天拍摄，无论选择哪种拍摄对象都难免被躲雨的行人干扰，画面中主体不明、陪体过多，利用虚实关系可以隐去画面中杂乱多余的元素，从而突出主体。

我们通常采用长焦和大光圈控制景深、虚化背景，这种拍摄手法在人像和近景特写时经常被使用。在拍摄雨景时，虚实关系不但可以突出主体，还可以用于塑造动静结合的画面，例如拍摄行人时，动态的与静态的行人就会制造出动静相宜的画面效果，旋转的雨伞也能获得相同的画面效果。

>>> 焦距：80mm 光圈：F32 快门速度：1s 感光度：ISO 100 拍摄地点：炉霍

在雨天拍摄雨水或者江海河流时，慢速快门可以使水呈现出一种漂渺的雾状，尤其是小河、瀑布等急速流动的水，一般情况下建议将曝光时间设为2~8s为佳，在深色背景的映衬下，水流会像乳白的纱一样，整体画面刚柔并济，虚实对比强烈

>>> 焦距：17mm 光圈：F13 快门速度：1/6s 感光度：ISO 100 拍摄地点：林芝

这幅作品趣味性十足，虽然采用对称式构图，却又不是绝对的对称，这就使画面格局完整却不僵硬。由于雨天的光线很弱，拍摄时使用大光圈、慢速快门将正在走动的人表现为虚像，同时水中也倒映着这一连串虚像，画面动静结合，让人回味无穷

4. 掌握雨天的曝光技巧

雨天的光线变化较大，云层厚重时光线较暗，云层薄的时候光线较亮，而且雨中的物体反光率很高，因此拍摄时最好使用测光表或相机提供的点测光模式，拍摄后要及时查看直方图确认曝光是否准确，使用 RAW 格式能为后期调整曝光提供更大的空间。

很多摄影者在雨天拍摄时都会出现曝光过度的现象，因为相机的测光系统认为拍摄环境亮度太暗，需要增加曝光量，这样做的后果是得到一张灰蒙蒙的照片。因为雨天景物明暗反差小，曝光过度会使明暗反差更小。另外，要根据不同的拍摄对象及时调整曝光，例如拍摄色彩鲜艳的景物时则无需降低过多的曝光量，甚至允许稍微过曝，这样可以提高色彩饱和度，画面也显得清晰、明快。

对摄影者而言，雾天是所有天气条件中相当考验其摄影功力的一种天气。一方面雾气令世间的万物形成一种柔和、漂渺的朦胧美，宛若仙境，银灰色调使景物呈现出一种十分高雅的质感，这种魅力是晴天或阴天的光线无法表现的。另一方面，雾气使能见度大大降低，空间感和纵深感较差，在构图和曝光上有很大难度。因此，拍摄雾天之前应该首先了解雾天的特征，然后对症下药。

4.4 雾天高原摄影

画面中的藏族民居分布范围较广，排列随意，而远景中的雪山巍峨雄伟，占据着整个画面的二分之一，因此，如果选择大景别去表现景物的话，就会导致这幅作品构图拥挤，主体不明。拍摄时巧妙地利用了长焦镜头能够压缩画面空间的成像特性，使雾气凝结得更加厚重，将背景中的雪山绝大部分遮挡住，中景别的构图形式及色彩对比的运用很好地突出了主体

4.4.1 了解雾天

1. 雾的形成

通常雾分为辐射雾和平流雾两种，但其形成的原理是相同的。当地面气温冷却至一定程度时，空气中充足的水汽遇冷凝结而悬浮于空中，就会形成雾气，使大气的能见度下降。一般来说，山区的雨后出现雾的概率很大，平原地区的雾大多出现在夜间空气湿度大、次日温度低的早晨。西藏的林芝地区气候湿润，而早晚温差异，因此经常出现雾天。

雾可以反射大量的散射光，能改变被摄体的明暗反差和色彩饱和度，使被摄对象的形态与表面的清晰度产生变化。说白了，雾天会让不远处的景物迅速消失，是“坏天气”中最强调大气透视作用的天气。

2. 什么是大气透视

因为空气中存在的介质会影响其透明度，导致人们看到远处的景物模糊而近处的景物清晰的视觉现象，比如在雨后的晴天大气能见度就很好，而雾霾天气能见度就很差，远处的景物看不清楚，因此又称为“色调透视”、“影调透视”、“阶调透视”。

利用大气的透视可以表现出空间的深度。在有空气介质的地方，空间距离的不同带来了景物明暗、色彩、清晰度的不同，我们利用大气透视的原理，可以表现出景物的空间感和距离感。

››› 焦　　距：200mm　　光　　圈：F9.0
快门速度：1/640s　　感 光 度：ISO 100
拍摄地点：尼洋河

雾天是表现大气透视现象最好的时机。由于能见度较低，雾景的景深较浅，空间感不足，因此在拍摄时可以利用雾气近深远浅的大气透视特性去表现。另外，近景中的房屋颜色鲜艳，饱和度较高，而远景的林海则灰蒙蒙一片，不同距离的颜色存在差异也是大气透视的特性之一

3. 影响大气透视的因素

影响大气透视效果的因素不外乎是光线的方向和拍摄时间，本质就是影响雾的表现效果。

（1）光线

不同方向的光线对于雾气的表现力不同，逆光和侧逆光下的雾气有着丰富的层次，质感表现效果好，而顺光下的雾气则只是一团白色。

（2）拍摄时间

早晚光线的入射角度低，大气透视现象明显，而中午的大气透视效果则较弱。在春、冬季节时，空气中悬浮的介质较多，大气透视现象明显；而夏季大雨过后，空气清新、洁净，大气透视效果也较弱。

4.4.2 抓住最佳拍摄时机

云雾会随风飘走，时而游走在绿色的山野之间，时而缭绕在高山峰顶，美景瞬间即逝，因此在拍摄前就应该根据肉眼的直观感受迅速作出判断。

1. 根据雾气的形成时间决定景别

当雾气刚形成时，由于浓度和覆盖面积大，且能见度低，因此画面中远处的景物看起来白茫茫一片，遮掉了背景中不必要的杂乱元素，拍摄时选择近景或中景景别，就可以起到简洁画面、突出主体的作用。

当太阳逐渐升起后，由于气温升高，雾气的浓度就会降低，变得薄而淡，此时近景清晰、中景朦胧、远景模糊，画面层次分明，明暗对比自然，适宜拍摄大场景。如果天公作美，微风轻拂，薄雾会像一片白纱在空中流动，此时影调更加柔和曼妙，采用大景别拍摄，能够获得极强的艺术感染力。

雾气渐散，近景的林海葱茏幽绿，只有远山仍被云雾遮挡，色彩清淡，整个画面有一种欣欣向荣的明快感。拍摄这幅作品时有意选择了大景别，目的就是利用大气透视的特性来表现景物的空间感，近景的色彩饱和度最高，中景次之，远景的轮廓模糊，色彩的明度和饱和度都不足。当画面层次分明、色彩过渡细腻时，大景别是表现风光的最佳选择

››› 焦　距：40mm　光　圈：F10
快门速度：1/250s　感光度：ISO 200
拍摄地点：尼洋河

2. 根据时间调整白平衡

雾景照片属于高调作品，画面的色调以白色和浅灰色为主，因此要注意白平衡的设置。

通常，日出之前的色温较高，此时的雾气较浓，使用自动白平衡拍摄出来的画面中雾气会带有明显的蓝色调，这是晨光拍摄的一个重要特征；如果使用阴天白平衡拍摄，就可以使画面的色调偏白，雾气就会呈现洁净的灰白色。这时的太阳处在云层的上方，但日出之后，低色温太阳光会使雾气看起来偏红，保留这种暖色调有利于提升画面的感染力。

随着太阳入射角度变大，光线的色温趋于正常，拍摄时使用自动白平衡就能获得较好的色彩还原效果。也可以尝试使用不同的白平衡设置，赋予画面不同的意境和色彩。

Tips

不同的白平衡模式之所以会产生不同的颜色效果，是因为每种白平衡模式所对应的色温是不同的，比如日光白平衡模式所对应的色温是5000 ~ 5500K，当正午时分，实际光线的色温与该模式相符，就会获得比较准确的色彩还原，反之就会产生某种偏色。色温设置得越低，越偏蓝色冷调；色温设置得越高，越偏黄色暖调。

>>> 焦距：34mm 光圈：F8.0 快门速度：1/500s 感光度：ISO 250

清晨，雾气受到光照时会因为光线漫射而折射出蓝色，在崇山峻岭之间弥漫着一层神秘、冷静的氛围。拍摄时可以对准画面的高光部位进行测光，适当降低半挡至一挡曝光补偿可以增强画面的明暗对比，丰富影调范围。此时手动设置白平衡模式可以增强画面的幽蓝色调，一般可将色温设置为4000K左右，使用白炽灯模式会导致画面的色调过蓝

4.4.3 改善雾天的画面效果

1. 利用小光圈获得丰富的画面层次

雾气是最强调气氛的，雾生万物，雾变百态，美景都建立在漂渺的前提之下，而漂渺的另一面就是明暗反差小，层次不明。由于能见度较差，拍摄时可以选择小光圈、慢速快门长时间曝光，这样可以获得足够的景深、细腻的影调和丰富的画面层次，还可以把雾气拍出流动的艺术效果，韵律感十足。拍摄时需要使用三脚架来提高 相机的稳定性，还要注意镜头上积累的水汽是否会影响成像清晰度。

2. 利用暗调前景增加反差

前面提过，雾景是高调作品，大多数作品的背

拍摄地点：林芝

>>> 焦　　距：200mm　光　圈：F11
快门速度：1/25s　感光度：ISO 100

西藏的林芝地区是拍摄雾景的好地方，尤其是鲁朗林海。这幅作品是利用逆光拍摄的，前景中的树木反射着光线，成为一片片银箔般的高光点，丰富了画面的影调。构图时将一大团洁白的雾气安排在中景处，不但增加了画面的层次，同时与暗调的前景形成明显对比，凸显了雾气的洁白

景都是白色或浅灰色。这就使得画面中必须要有一个暗调的构图元素来“稳住”画面结构，否则画面就感觉太轻，缺少一个刚性、具备表达能力的主体。

一般来说，雾景作品在情绪表达上偏向写意风格，我们可以在前景中安排有艺术感的元素，例如尼洋河的柳树、剪影、栏等。这样做不但可以增加画面构图元素，提升作品的感染力，同时也可以利用明暗反差将画面的空间距离感表现出来，使其看起来层次分明。

3. 前、中、远景的合理配置

在进行雾景构图时，除了选择暗调元素之外，还要考虑前、中、远景所占画面的比例，着重表现画面的层次。

在一幅大面积白色高调风格的作品中，作为前景的暗调元素会迅速成为视觉焦点，因此暗调元素要想有力地表达拍摄主题，除了明暗对比强烈外，还应该在比例上形成强烈反差，大小不要超过画面面积的 1/4，以小搏大，以暗镇浅，才能达到主体明确、画面结构稳固而不单调的效果。大多数拍摄者会将兴趣中心放在画面的中景处，它担负着表现主体的重任，因此中景可以占据较大面积。远景多用于是烘托前景和中景的气氛，使画面层次不至于太过单薄。

当然，以上只是一般情况下常规的构图方法，拍摄者可以大胆尝试使用各种不同的构图法则，通过前、中、远景的色彩饱和度、轮廓清晰度和影调的不同变化来表现雾景的空间感和纵深透视感。

>>> 焦距：24mm 光圈：F9.5 快门速度：1/20s 感光度：ISO 400 拍摄地点：哲蚌寺

这幅作品旨在表现信徒们对于藏传佛教的虔诚，拍摄时采用了全景别去表现人山人海的现场气氛。由于雾气的遮挡，画面的远景十分模糊，中景的建筑屋顶绘有十分鲜艳的图案，而且表演藏戏的演员们也衣着艳丽，在色彩和画面层次的过渡上起到了至关重要的作用；前景中几位藏族群众的脸庞、身形轮廓十分清晰，重点凸显了他们对于晒大佛翘首以盼的神情

4. 巧妙运用雾中的光线

雾气的美妙之处在于变幻莫测，可是有的拍摄者却只能拍出一大团白色的雾，毫无美感可言。除了拍摄时间的选择、景别的控制以外，用光技巧也不容忽视。

表现雾景的最好时机是晨光乍射的那一刻，尽管此天气状况会导致光线呈散射状，但是根据方位还是可以分辨光线的方向的，一旦太阳出来了，雾霭就会迅速消失，也就失去了拍摄时机。采用逆光和侧逆光拍摄时，可以看到雾层被阳光照亮，而呈现较好的质感及丰富的层次，画面具有明显的透视效果和很强的立体感，在这种光照条件下，雾景的艺术感染力也更强。

>>> 焦距：24mm 光圈：F11 快门速度：1/500s 感光度：ISO 100　　拍摄地点：色季拉山

在色季拉山等待南迦巴瓦的日出时，同行的影友高高跃起，在逆光的映衬下呈现出一个矫健的剪影效果。此时，雾层被逆光照得十分通透，层次细腻，可以更清晰地凸显被摄主体。采用高速快门才能准确记录被摄主体的生动姿态，同时将一排摄影器材摄入画面，不仅缓解了灰色调画面给人压抑的感觉，而且也交代了拍摄环境和气氛，令观者产生强烈的现场感

4.4.4 根据需要控制曝光

1. 大面积雾气需增加曝光

在曝光控制方面，雾景与雪景有着异曲同工之妙，都离不开“白加黑减，越白越加，越黑越减”这个法则。但是到了数码摄影时代，我们不能教条地理解“白加黑减”，而应该随时根据拍摄主体和拍摄环境的亮度以及明暗配置关系来调整曝光补偿。

2. 拍摄主题决定曝光

无论是构图、用光还是曝光，一切技术手段都要服务于拍摄主题，因此不同的拍摄主题决定了画面效果的不同。在拍摄雾景时，增加1 ~ 2挡曝光补偿将画面处理成高调效果，这

>>> 焦距：88mm 光圈：F14 快门速度：1/25s 感光度：ISO 100 拍摄地点：波密

当雾气很浓且在画面中占据大部分面积的时候，我们通常要在相机的测光基础上增加 1 ~ 2EV 的曝光量，甚至可以更多一些，这样做的目的是把雾气拍得洁白而漂渺，厚重的雾层才会呈现美妙的层次感，此时要注意控制远近不同的物体亮度，以免曝光过度。而当雾气散去，在画面中只是若有若无时，就应该准确曝光，过曝会使亮部细节丢失，破坏画面的感染力

>>> 焦距：200mm 光圈：F9.0 快门速度：1/320s 感光度：ISO 100 拍摄地点：色季拉山

此照片拍摄于珠穆朗玛峰峰顶，大团乌云飘在空中，为了表现阴暗的环境气氛，设置了高速快门使乌云浊雾凝结厚重，同时降低两挡曝光补偿使雾气暗淡，目的就是利用暗调效果去表现天气突变时的压抑感

种手法适宜表现柔美、恬静的主题；降低曝光补偿会使画面趋于暗淡，适宜表现阴暗、冷静的主题，有时也会在降低曝光补偿的同时降低对比度，配合局域光或特殊的散射光就能打造出一种超现实的魔幻效果。

3. 妙用滤镜改变雾气的浓淡

拍摄雾景不建议选择雾太浓的时候，因为在这种情况下，能见度低到只能看到前景，而且很难保证曝光准确，此时，利用滤镜人为地改变雾气的浓淡无疑是个小妙招。

在拍摄雾景时，我们可以使用滤镜来改变画面效果，黄色和红色的滤镜可以吸收太阳光中的蓝色光、紫色光，提高光线的透射能力，因此在镜头前面增加这类滤镜可以起到消雾的作用；反过来，如果雾气太淡，想要增加一些神秘效果时，就可以选择蓝色滤光镜或雾镜，以获得不同程度的雾化效果。

>>> 焦距：200mm 光圈：F11 快门速度：1/250s 感光度：ISO 100　　拍摄地点：尼洋河

拍摄这幅作品时，雾并非很大，局域光也正逐渐消散，画面显得有点空旷。此时，采用高速快门将轻薄的雾气凝结在画面中，与空中的乌云配合，可表现出一种风雨欲来的危机感。蓝色滤光镜的使用避免了画面的苍白，为局域光没有照射到的地方蒙上了一层蓝色的光泽，整个画面的艺术氛围很浓厚

第5章 高原特色风光摄影必修课

5.1 雪山摄影技巧

拍摄地点：乌拉山 >>> 焦距：200mm 光圈：F11 快门速度：1/500s 感光度：ISO 160

摄于西藏阿里班公错，长焦镜头是拍摄山水风光的利器，具有压缩空间，突出主体的作用。适当的利于前景，强调空间的透视感，同时也起到了装饰画面，点明主题的作用

5.1.1 西藏的雪山拍什么

在西藏拍摄雪山可谓是得天独厚，喜马拉雅山脉、昆仑山脉、喀喇昆仑山脉、唐古拉山脉、冈底斯山脉、横断山脉像远古众神一样守护着青藏高原，世界第一高峰珠穆朗玛峰，“最美的雪山”南迦巴瓦峰，神山冈仁波齐峰等著名雪山齐聚于此。无论是将雪山作为拍摄主体还是陪体，目的都是体现西藏的壮美、大气和圣洁。通常，我们会选择拍摄雪山巍峨壮观的气势、日出日落时的金色雪山和山体的明暗反差等，还经常将雪山作为远景来拍摄湖泊、草原、寺庙佛塔、玛尼堆、经幡、人物等，着重表现山与大自然、藏族人文和宗教之间的关联。

以大面积的蓝色作为背景，冷色基调更加凸显画面的静谧、寒冷。雪山作为主体，在暖色调云彩的遮挡下呈现出一种“犹抱琵琶半遮面”的美感。适当降低曝光补偿可以令画面色彩更浓郁，冷暖色调的对比十分强烈，画面具有很强的艺术感染力

拍摄地点：西藏定日

>>> 焦距：260mm 光圈：F11 快门速度：1/60s 感光度：ISO 100

在西藏3000米雪线以上的雪山数不胜数，画面的前景是大面积融化的雪水和未融化的冰雪，我们利于前景呈曲线状态的冰雪来体现藏地雪山的神秘与藏族群众对雪山的敬畏感

>>> 焦距：70mm 光圈：F10 快门速度：1/500s 感光度：ISO 100

拍摄地点：阿里

5.1.2 拍摄雪山所需摄影器材及保护

1. 相机及附件

西藏的雪山海拔普遍较高，因此要轻装上阵，携带太多摄影器材会影响你的行动能力。雪山的拍摄难点在于反光极强、亮度很高，与暗部的反差很大，对测光的要求较高，所以相机必须带有点测光、光圈优先和手动拍摄等功能。出于方便携带和拍摄效果两方面的考量，建议大家优先选择全画幅数码单反相机和大中画幅的胶片相机，由于高原雪山的气温过低，为了保险起见，可带一台备机。常规旅行时很难有机会贴近雪峰拍摄，因此中长焦镜头的使用频率很高。

三脚架必不可少，可以选择重量较轻的碳纤维三脚架。UV 镜、CPL 偏振镜和 ND 中灰密度镜等也经常用到。

2. 电池

在高寒地区摄影一定要做好相关器材的保养工作，在这种环境下，相机的电池活性会大大降低，使用时间也会大大缩短，所以一定要带足备用电池，如果电力消耗太快或无法工作时，可以把电池贴身放一会儿，然后就可以继续使用了。

5.1.3 雪山旅行需准备的装备

1. 服装

雪山上气温低、风大，旅行服装要以保暖、舒适为原则，最好选择具有防水、防风功能的羽绒服、冲锋衣等。

2. 登山鞋和雪套

常规旅游时无需攀登雪山，借助长焦镜头即可完成拍摄工作，因此在选择鞋子时以舒适为主。如果需要寻找各种拍摄角度进行专业摄影，在登雪山时最好选择高帮户外登山鞋，可以防止雪粒、沙石及其他异物灌入鞋内影响行动，佩戴雪套的效果更佳。

3. 手套

拍摄雪山是一件辛苦活儿，有时为了一束光线可能需要在户外等待大半天，尤其是在寒冷的冬季，长时间徒手使用相机拍摄会导致冻伤，更不要徒手搬动金属脚架，因此在户外拍摄时一定要戴手套。

5.1.4 西藏的雪山怎么拍

1. 注意前景与背景的选择

雪山是自然景观中极富有特色的拍摄素材，单纯地拍摄山体可以表现雪山的圣洁和明暗变化，而选择合适的参照物更能衬托雪山的绵延、巍峨、壮美之姿，同时也会产生更多的视觉变化。

在安排前景时，树木、野生动物、玛尼堆、经幡或旅行者等点状元素可以烘托雪山的高大气势，增加画面的层次和立体感，也可以营造出不同的画面气氛；湖泊、草原、羊群等面状元素可以增强画面的表现力，扩大视觉上的景深效果；河流或者奔跑的野生动物可以使画面瞬间活起来，从而让雪山显得更加寂静、安逸。

在拍摄雪山时，选择背景并不难，蓝天、云海、落日飞霞、初升新月等都能营造一种清新、宁静的气氛，尤其是日出日落时的云彩，极具艺术感染力。

在西藏，牦牛、佛塔、寺庙等都可以营造出独特的环境氛围，此时要根据自己的主题立意控制好环境、参照物和主体之间的比例关系。

>>> 焦距：40mm 光圈：F4 快门速度：1/30s 感光度：ISO 100　　拍摄地点：萨嘎

此照片拍摄于纳木那尼峰。傍晚，风暴即将来临，天空中乌云密布，雪山不像晴天时有着强烈的明暗对比，反而呈现出一种柔和的、素描式的层次和细节。前景是牧民赶着的几百只羊，在充满不稳定感的背景前面显得秩序井然，很好地表现出了藏族牧民的游牧生活方式

拍摄同一个景点难免会千篇一律，可以大胆地尝试使用不同的焦距段、改变拍摄视角和构图方式，有时候只需要改变自己所在的位置也可以获得不小的惊喜。采用低机位仰拍，同时利用广角镜头夸张表现前景，使寻常的野外植物占据了画面四分之三的面积，雪山反而成了“陪衬”

拍摄地点：林芝

>>> 焦距：80mm 光圈：F11 快门速度：1/60s 感光度：ISO 100

>>> 焦距：35mm 光圈：F13 快门速度：1/400s 感光度：ISO 200

「一条青藏铁路横跨天堑，在苍茫的藏北高原上蜿蜒如龙。湛蓝的天空中飘悬着动感的云彩，选择洁白的雪山作为中景，使前景与背景之间的色彩差异得到很好的过渡。这幅作品的点睛之笔就是正在行驶的火车，不但丰富了画面的构图元素，让世人了解青藏铁路的周边环境，也表现了人与自然之间的和谐关系」

2. 运用光线强调质感与层次

洁白的雪会产生大量的反光，因此不建议运用顺光或阴天的散射光进行拍摄，平淡的光线无法体现雪山丰富的明暗变化，也无法表现雪的透明质感，画面中只是白茫茫的一片。运用侧光或侧逆光拍摄雪山可以较好地呈现白雪的影纹、层次以及雪山的立体感，画面的影调富于变化。但要注意的是，没有雪的山体本身比较暗，如果侧光或侧逆光的影子与之重合，整个画面的明暗配置将是一半白一半黑，界限比较生硬，此时要注意选择拍摄角度，利用曝光技巧保留暗部层次。

画面的影调层次十分丰富，黑色调的前景中同时分布着反光率很高的水面，增加了视觉上的变化。侧光使纳木那尼峰的层次和细节展露无遗，而呈现出很强的立体感，天空中的乌云轮廓分明，布满涟漪的湖泊与滚滚乌云相呼应，营造出一种山雨欲来风满楼的氛围，画面具有震撼人心的力量

拍摄地点：阿里

››› 焦距：35mm 光圈：F8.0 快门速度：1/2500s 感光度：ISO 200

3. 合理安排画面结构

对于雪山拍摄来说，不同画幅能够获得不同的表现效果。

采用横画幅拍摄的雪山一般比较注重地平线的水平运用，表现的是雪山绵延千里的气势，使用广角镜头或者超广角镜头能够获得宽广的视角，可以把美景“一网打尽”，而仰拍角度能够使画面呈现一种稳重、宽广、宏伟的效果。要注意的是，一切技术手段都应该为主题和立意服务，选择兴趣中心或具有代表性的特征很有必要，不要一味地贪大求全。

竖画幅与横画幅正好相反，表现的是雪山垂直方向的空间立体感，使用长焦镜头抓取雪山上具有拍摄价值的局部更容易凸显雪山的形式美感。可以选择均衡构图方式，利用较小体积的景致衬托雪山的巍峨、高大，起到“四两拨千斤”的作用。

使用广角镜头尽可能获得最大的景深，所谓“近取其神，远取其势”，画面中的纳木那尼峰呈一字排列，绵延千里而不绝。大面积留白的蓝天十分空旷，只有两三只飞鸟点缀其中，使观者的视觉焦点集中在画面下四分之一的区域。前景中的蓝色湖泊与蓝天形成呼应，使整个画面的色调统一、和谐，低头觅食的牦牛又与天空中的飞鸟形成呼应，动静结合使画面更显生动，同时这个暗色调的趣味中心也使作品的内涵和韵味得到提升

拍摄地点：托阿里日土　››› 焦距：30mm 光圈：F8.0 快门速度：1/1600s 感光度：ISO 200

拍摄时以左下角的雪块进行测光，以高光测光有意压暗上方冰块，突出冰柱的形状，通过明暗对比，上下呼应使画面得到一种平衡感

4. 辩证运用“白加黑减”原则

雪的反光极强，景物中有雪的部分亮度高，而没有雪的部分则显得很暗，画面的明暗反差大。相机的自动测光系统被雪的反光干扰之后，会认为场景过亮，计算出一个负的曝光补偿值，导致白雪看起来很暗、很脏，而且丢掉了暗部的细节和层次。因为山体的受光面不同，雪山的明暗对比与一般雪景相比更加明显，所以正确曝光是拍摄雪山的基本要求，但是“白加黑减”原则仅适用于阴天或正在下雪时。

曝光补偿是一种曝光控制方式，就是人为地改变相机测光系统测出的“正确”自动曝光数据，使照片亮度达到更亮或更暗的拍摄手法。当环境光源偏暗时，为了拍摄出更清楚的画面，我们可以增加曝光值；当环境光源偏亮时，可以降低曝光值来获取更加细腻的影调变化。拍摄者也可以根据自己的拍摄意图和构思来调节照片的明暗程度，降低曝光值可以增强画面的色彩饱和度，增加曝光值适合表现清新、淡雅的主题。

在拍摄雪山时，我们有时会将雪山作为被摄主体，白色占据了画面的绝大部分，此时就要遵守“白加黑减，越白越加”的原则；当将雪山作为背景时，还是整个画面中少有的高亮部位，此时则不可贸然增加曝光，还应该兼顾暗部细节。

当将雪山作为被摄主体时，通常是用长焦镜头将大部分雪山压缩在画面中，为了让山体看起来雪白、圣洁，通常要增加 1 挡曝光补偿，以高光部分不溢出为标准，还要看拍摄时间和当时的光照情况，如果是早晚光线不足或者背光等情况，即使雪山的高调部分居多，仍要按照正常曝光进行拍摄。有时候为了表现雪山的冷峻、神秘，我们可以降低曝光量以获得低调效果，过曝还是欠曝完全取决于拍摄者的摄影构思。但要注意的是，成功的摄影作品必须保证画面的清晰度和丰富的细节，在这个基础上拍摄者的创意才能被认可。

如果是以雪山为背景，在对高光部分测光并得出曝光值时，还要考虑白雪和暗部的细节层次，对于数码相机的感光元件来说，这个部分最容易丢失密度，这时可以用高光警告功能来检查画面是否过曝，细节是否保留完整。

焦距：115mm 光圈：F11 快门速度：1/30s 感光度：ISO 100 拍摄地点：珠穆朗玛峰

在准备拍摄这张照片时整个天空乌云密布，天地一片黑暗，这种光线条件无法获得预期的拍摄效果。就在此时，一阵狂风刮过，竟然把厚重的乌云推开一条缝隙，一条天光直直地打到珠穆朗玛峰的峰顶，形成奇特的局域光效果。此时对准峰顶的高光区域测光，并以此为曝光依据减少 0.3 ~ 1 挡曝光补偿，以增强画面的明暗对比，同时表现出乌云逐渐散开的动态效果，整个画面带给观者一种强烈的情绪起伏和联想

焦距：93mm 光圈：F10 快门速度：1/400s 感光度：ISO 100 拍摄地点：林芝

从内陆地区乘飞机前往西藏时，可以透过飞机舷窗进行航拍，开阔的视野使画面具有十分广袤的气势。拍摄时利用长焦镜头“拉近”雪山，使雪山在画面中占有较大比例，以突出主体。在曝光方面，正常曝光或欠曝 0.5 ~ 1EV 有利于表现雪山的质感和辽远，不但与背景的色彩衔接自然，而且可以清晰地表现前景中流云的细节，整个作品层次丰富，空间感十足

>>> 焦距：40mm 光圈：F10 快门速度：1/1000s 感光度：ISO 200 拍摄地点：波密

波密有“西藏小江南”之称，常年湿润温暖，植被丰富。每年深秋都是拍摄的好时机，漫山植物的色彩会呈现较大的变化，针叶林依旧苍绿，灌木和乔木类植物则会变成红色和金黄色，与远景的洁白雪山形成一道别样的风景线。侧光的运用使前景和中景的植物有了比较明显的阴影，其立体感更强，因此曝光时要谨慎，重点是兼顾前景和远景的细节。倒三角形构图使远景的雪山十分显眼，成为整个画面的地域标识，一圈云彩正好萦绕在峰顶上，如神来之笔，增加了作品的灵动感

5. 使用偏振镜消除反光

雪山上的白雪反光率很高，导致画面的明暗反差过大，使用渐变灰可以平衡光比，提高画面的色彩饱和度，协调亮部和暗部的细节。

5.2 湖泊摄影技巧

5.2.1 西藏的湖泊拍什么

西藏不但高峰林立，同时也拥有 1500 多个湖泊，约占全国湖泊总面积的百分之三十，而且湖水的清澈度很高，例如纳木错、羊卓雍错、玛旁雍错、然乌湖等，都是闻名中外的自然景观。站在山峰之巅俯视西藏的湖泊，好似一汪汪融化的玉，古有“大珠小珠落玉盘”来形容乐声优美，同样的诗句用于形容湖泊之美也绝不唐突。

在西藏，有山的地方就有湖泊，湖光山色大好风光，却不似江南的水那么柔媚温和，而是一种高原特有的硬朗俊秀。因此，拍摄西藏的湖泊时要注意将湖泊与周边的自然、人文环境相结合，交代地域特征，一般会选择日出日落时的波光粼粼、阳光下的蓝色湖面、雪山倒

>>> 焦距：65mm 光圈：F32 快门速度：1/15s 感光度：ISO 100 拍摄地点：安久拉山

「然乌湖是 200 多年前由于山体滑坡和泥石流堵塞河道而形成的堰塞湖，因此水流平缓，湖中极少看到漂浮的杂物。不远处的德姆拉雪山倒映在湛蓝的然乌湖中，闪烁着银色的光芒，景色幽静而神秘」

影、湖畔的佛塔或玛尼堆、水鸟、船只、湖畔的牛羊等拍摄素材，着重表现自然景观的美以及自然与人之间的和谐关系。

「羊卓雍错是西藏的三大圣湖之一，水质清澈，湖岸线长而曲折，犹如一条丝织的蓝色彩带萦绕在群山之间。远处矗立着著名的宁金抗沙峰，皑皑雪山与蓝天白云交相映衬，构成了一幅宁静而梦幻的画面」

拍摄地点：羊卓雍错

>>> 焦距：40mm 光圈：F9.0 快门速度：1/400s 感光度：ISO 200

>>> 焦距：17mm 光圈：F11 快门速度：1/500s 感光度：ISO 200 拍摄地点：纳木错

纳木错在藏语中的意思为“天湖”，与羊卓雍错、玛旁雍错并称为西藏三大圣湖，具有十分重要的宗教意义。每逢藏历羊年的四月十五日会举行重大的转湖仪式，传说在这一天转湖所得到的功业能抵平日十万次转湖所得的善果。图中那两块并立的大石柱是纳木错的迎宾石，被佛教信徒称为“守门怒神父母像”

5.2.2 拍摄湖泊所需器材及保护

1. 相机

拍摄湖泊、河流时对于相机没有过多要求，在旅行途中基本都能近距离拍摄，因此广角镜头比中长焦镜头的使用频率要高。

2. 滤镜

常用滤镜有PL偏振镜和GND中灰渐变镜。PL偏振镜可以消除水面的杂光，减少反光，使湖水更加清澈、湛蓝；GND中灰渐变镜可以降低明暗反差，让亮部（天空、水面）不过曝，暗部（山体、岸边前景）保留丰富细节。

在湖边或河边拍摄时要注意器材防水，西藏有些湖泊是咸水湖，对相机有腐蚀作用，一旦机器进水要立刻拔掉电池，等完全干燥以后再使用。

5.2.3 西藏的湖泊怎么拍

1. 选择最佳拍摄时机

早晚的光线入射角度低，水面造型效果明显，是拍摄湖泊最好的时间。

就西藏摄影旅游而言，由于路线长、个别地区住宿条件不好，因此不建议夜路自驾。如果没有条件等到夕阳西下的那束光线，在其他时间段精心构思，也可以获得好作品。上午、下午的光线虽然比较平淡，立体感不强，但是可以利用光线的不同方向和拍摄角度来灵活创作。多云天气也是出片子的好时候，此时光线是散射光，水面均匀受光且反光较弱，色调淡雅，适合表现柔美、明快的主题。

拍摄地点：纳木错　　>>> 焦距：285mm 光圈：F5.6 快门速度：1/8s 感光度：ISO 100

晚上九点时，太阳已经落山，黑云逐渐遮住天空。突然一阵风吹过，将厚重的云彩吹开一条缝隙，在湖面上投下了一片晚霞的影子。这时采用大光圈、高感光度并减少一挡曝光补偿的拍摄手法较好地拍出了湖面上流动的水纹和涟漪，冷暖色调的对比构成了这幅作品色温变化的主要线索

◆>> 焦距：80mm 光圈：F11 快门速度：1/60s 感光度：ISO 100　拍摄地点：尼洋河

大片白色云彩使强烈的太阳光线变成了散射光，整个画面影调十分柔和。尼洋河的水面倒映着天空中的云彩，其呈现为一种平和的乳白色，与绿色的柳树林、大地色的滩涂河床以及蓝天白云交相辉映，好似一幅色彩细腻的油画

2. 善用不同方向的光线

顺光时水的颜色最饱和，色彩也很浓郁；侧光时水的饱和度会降低，明暗反差会变大，适合表现其纹理，比如波浪的形态；逆光时水面会出现许多高光点，画面不再追求色彩，粼粼波光显得活泼而富有诗意。

在顺光下拍摄的湖泊色彩还原较好，水色湛蓝，但画面的光影变化较少，效果比较平淡，适宜表现景深较大的风光

侧光下的湖泊水面略有反光，降低半挡曝光补偿可以平衡画面亮度，提高湖水和湖岸线的色彩饱和度，同时有利于表现湖面上的涟漪和波浪。湖岸线的曲线造型使整个画面具有较强的韵律感，而前景中的两位藏族群众以"点"的形式平衡了画面结构，也能加深观者对这幅作品的印象

夕阳下的湖岸上站着许多游客和摄影人，他们在欣赏美景的同时也成为另一些摄影人眼中的美景。天边的黑云被霞光镶嵌上了一圈金色的轮廓线，此时利用逆光将所有的被摄者处理成剪影形式，一方面增加了画面的艺术效果，同时也避免了挑选被摄主体时“厚此薄彼”的尴尬。测光时应该对准河流中的高光区域，然后在此基础上降低0.5～1挡曝光补偿即可

拍摄地点：纳木错

>>> 焦距：100mm 光圈：F9.5 快门速度：1/180s 感光度：ISO 100

3. 利用前景和点缀物增加变化

拍摄湖泊时，使用广角甚至超广角镜头能够尽量多地摄取画面信息，并保证全部景物都清晰，同时也可以使画面具有较好的空间感。俗话说“山无水不活，水无山不媚”，西藏的很多湖泊旁边都有一座伫立千年的大山，拍摄时可以将沐浴金光的雪山、高峰摄入画面。另外，还可以利用湖岸的植物、岩石或者水面上的船只来丰富画面的构图元素，为单调的湖景增加更多的画面层次和变化。

除了追求大景别湖景的气势之外，我们也可以尝试以不同焦距来截取景物的局部，利用湖岸线或湖水的线条、形状和色彩来分割或组合画面，将会得到一幅极具形式感的画面。

>>> 焦距：250mm 光圈：F8.0 快门速度：1/350s 感光度：ISO 100 拍摄地点：大竹卡

山南段的雅鲁藏布江江面宽广，水面如镜，前景中藏族人乘坐的牛皮筏是雅鲁藏布江所特有的、最古老的渡河工具。在构图时，将绿色柳树林安排在画面上方的三分之一处，同时利用黄金分割点上的牛皮筏来平衡画面结构，一方面避免了出现头重脚轻的情况，另一方面为画面增加了视觉变化，整个作品呈现出一种平和、清雅的意境

>>> 焦距：54mm 光圈：F11 快门速度：1/125s 感光度：ISO 100　　拍摄地点：尼洋河

秋季的尼洋河色彩斑斓，金色的“砍头柳”好似一团团炙热的火球，蓝色的水面却幽冷平静，使画面具有一种神秘而激昂的矛盾感。这幅作品的成功之处在于色彩和线条的合理运用，冷暖色调对比强烈，蓝色和黄色以线条和色块的方式在画面中重复排列，在视觉上形成了紧密有序的节奏感。前景中那匹悠闲的白马有异于画面的整体色彩和形式，无论从画面结构的安排还是情感的表达层面，这个点缀物都起到了画龙点睛的作用

拍摄时有意将湖岸线中最迷人的局部截取下来，弯曲的线条令画面极具形式美感，蓝色水面上倒映着绚丽的晚霞，冷暖色调的对比与明暗关系的合理配置使画面呈现出一种瑰丽而细腻的光影组合，画面层次丰富，表现了夕阳西下时瞬息万变的戏剧性美景

拍摄地点：纳木错

>>> 焦距：235mm 光圈：F9.5 快门速度：1/45s 感光度：ISO 100

4. 控制曝光获得好的效果

在拍摄湖泊时，应对湖面进行测光，这样才能有针对性地表现水的质感和形态。不管是直射光还是散射光，水面都会有不同程度的反光，除去使用 PL 偏振镜消除杂光以外，还建议采用 M 挡手动曝光模式固定光圈值，以免因为水面反光而引起曝光参数变化，同时收缩半挡光圈会让影调更加细腻而有层次。

如果反光依然很强，不建议通过降低曝光量来强求画面出现层次，因为这样会导致水面失去原本的光彩。

››› 焦距：160mm 光圈：F4.5 快门速度：1/8s 感光度：ISO 100 拍摄地点：纳木错

晚上九点，天空即将完全暗下来，高色温使湖泊的水面呈现幽蓝的冷色调，而晚霞投在水面上的影子却是低色温的橙红色，冷暖对比十分鲜明。拍摄时要对准湖泊的高光区域测光，在此基础上降低曝光补偿将远景中的山脉处理成剪影，以突出表现湖面

5. 拍好水中倒影

湖泊画面的艺术性可以通过湖中倒影来增强，在风平浪静的时候，湖面会呈现出完美的倒影。

（1）选择适当的光线

在理想的光照条件下，水面如同明镜，倒影非常清楚，实景明亮，倒影阴暗，会形成十分显眼的对照。通常，低角度的逆光是拍摄倒影的最佳光线，其次是侧光和散射光，顶光或顺光则不利于呈现倒影的美感。

顶光下的湖泊显得十分清澈，水面如镜，色彩还原准确。将地平线放在画面上方的三分之一处，画面结构稳定，前景中的湖沙保留了应有的细节，整个画面的结构过渡十分细腻

侧光的运用使湖岸上的建筑物有了明显的阴影，从而增强了画面的立体感，水面上的倒影使普通的建筑物看起来好似一座气势恢弘的城堡

（2）选择最佳拍摄角度

拍摄湖泊等开阔水面的倒影时，建议选择较高的拍摄角度，以利于展现全貌。尤其是拍摄大景别的倒影时，地平线一定要水平，可以采用二分之一构图法。

通常，距离较远的倒影与实景比例大致相同，距离较近的倒影则因拍摄角度的不同而呈现不同的大小，拍摄角度越高，倒影越小，拍摄角度越低，倒影越大。在倒影与实体的配置上，可以采用二分之一构图法，让倒影与实体各占一半，表现环境的静谧、空灵；也可以采用倒影多而实体少的构图手法，利用虚实对比来打造一个超现实主义的画面。

>>> 焦距：95mm 光圈：F11 快门速度：1/60s 感光度：ISO 100

前景的水面倒映着树木、蓝天以及隐约的远山，营造出一种空间交错的视觉效果。中焦镜头的使用保证了景物能够获得较高的还原度，视觉感受平和，蓝色水面和褐红色的土地形成了冷暖色调的对比和变化

拍摄地点：林芝

>>> 焦距：65mm 光圈：F16 快门速度：1/200s 感光度：ISO 100

这幅作品采用了传统的二分之一构图法，将地平线置于画面的中央位置，使雪山、林海的实像与倒影清晰、完整地呈现在画面中，营造出一种静谧、和谐的画面氛围。同时又利用湖岸边的鹅卵石巧妙地打破了这种太过呆板的构图方式，也增强了画面的纵深效果

拍摄地点：然乌

（3）强调倒影的虚实变化

倒影的美妙之处在于变幻多端，有时静谧如镜，有时被微风吹起丝丝涟漪，并非一成不变的死物，因此可以有意识地选择在有风的时候或者流动水域进行拍摄。要想拍出动静结合、虚实对比的水面倒影，设置适当的快门速度是关键，高速快门可以迅速地捕捉动态对象，定格画面；而慢门则可以虚化倒影的层次和细节，强调动感，从而呈现出具有创意的意境美。

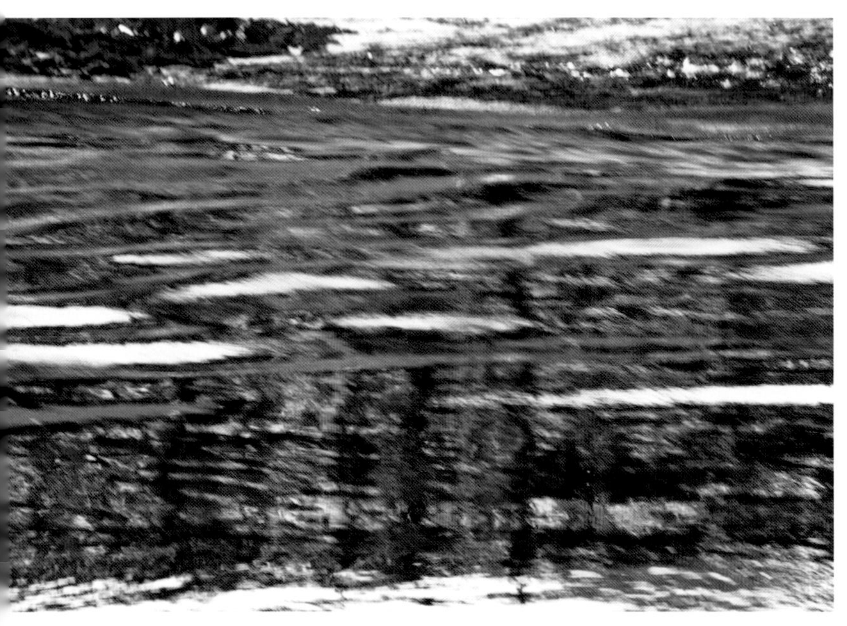

拍摄时使用长焦镜头压缩空间，将湖岸两边的树木和植物排除在画面以外，而只将它们的倒影摄入画面。同时利用慢门进行长时间曝光的方式来虚化水流，使具象的、清晰的倒影成为冷暖色调交织、线条重复排列的抽象画面，艺术气息浓厚，好似一幅西方抽象油画

拍摄地点：拉萨河

>>> 焦距：310mm 光圈：F11 快门速度：1/15s 感光度：ISO 100

所谓艺无定法，我们在学习各种拍摄技巧时也不能放弃自我创作。图中的湖泊湛蓝、清澈，水面如镜，大面积的蓝天倒映其中，却只有极少的云彩点缀，而且形态和表现力不足，因此整个画面显得空旷而单调。这时拍摄者随手捡起湖岸边的一个小石子扔进湖中，一圈圈美丽的涟漪打破了呆板无趣的中景，与远景的山峦倒影形成了虚实对比，画面顿时生动、明快了许多

拍摄地点：日土

>>> 焦距：35mm 光圈：F14 快门速度：1/320s 感光度：ISO 200

6. 活用滤镜

水面的反光会影响色彩的纯度，并且产生一些耀眼的光斑。为了拍出水平如镜的画面，可以使用偏振镜消除反光，同时也突出了蓝天白云的色彩饱和度。当夕阳西下时，低角度的金黄色光线落到湖面上，水面会呈现出波光粼粼的美景，此时如果使用偏振镜消除反光，难免会破坏意境，因此是否使用偏振镜要视具体拍摄场景及拍摄者的立意而定。

中灰渐变镜可以平衡山体、湖面与天空的明暗反差，防止天空、湖面反光等高光部位过曝，有效地保留水面和暗部的层次和细节。

5.3 草原、戈壁摄影技巧

焦距：183mm 光圈：F11 快门速度：1/125s 感光度：ISO 100　拍摄地点：那曲

「在风光摄影中，地面空间越大则意味着作品的气势越大。在整个画面中，戈壁的褐黄色线条、草场的绿色线条与前景中的蓝色湖泊形成了横向平行关系，向观者传递了草原辽阔而宽广的气势，同时也能增强画面的韵律感和空间感。将远远的天边留在了画面中，一方面增强了画面的空间立体感，另一方面也保证了画面的整体色彩效果」

5.3.1 西藏的草原、戈壁拍什么

西藏的阿里、那曲、日喀则、林芝等地区都有草原分布，这里聚居着多种珍稀野生动物，在青藏线和新藏线的沿途就能看到成群结队的藏野驴和藏羚羊，形成了粗犷苍茫的羌塘风光。

因此，在西藏拍摄草原、戈壁时，一方面要表现开阔地带的地貌特征、空间感和气势，同时还要注意表现人类与动物之间的和谐关系。

>>> 焦距：40mm 光圈：F9.0 快门速度：1/160s 感光度：ISO 100 拍摄地点：白坝

牦牛是高寒地区特有的一种哺乳动物，耐粗、耐劳、善走陡坡险路，能过雪山沼泽，能游江河激流，在交通不便的藏区被称作“高原之舟”。除此之外，牦牛全身都是宝，毛发、血液、肉甚至粪便都与藏族群众的生活息息相关，被藏族群众视作保护神

>>> 焦距：88mm 光圈：F11 快门速度：1/125s 感光度：ISO 100 拍摄地点：改则

傍晚，雷雨突然到来，天空乌云密布，与地面形成明暗对比。此时降低曝光补偿可以完整地表现天空的云层变化和层次，也可以凸显山坡的立体感，被压暗的草场也很好地衬托出了雷雨前的气氛

>>> 焦距：17mm 光圈：F14 快门速度：1/400s 感光度：ISO 200 拍摄地点：当雄

藏北草原上最负盛名的节日就是那曲恰青赛马艺术节，因此这个地区的藏族群众尤其骁勇，极擅长马上运动。拍摄时采用高速快门定格了运动对象，完整地表现出了马匹的姿态和骑手的手势，配合风起云涌的天空，构成了一幅动感十足的画面

5.3.2 选择器材

拍摄草原和戈壁时对于焦距的要求比较极端，只有超广角和超长焦才能表现出开阔地带的气势和空间感，标准镜头的画面冲击力则有点力不从心。在拍摄野生动物时，由于大多数野生动物不允许人类太靠近，而且我们经常需要在行驶的车辆里进行抓拍，因此70-200mm、 75-300mm、 100-400mm等焦距段的变焦镜头在西藏大有用武之地。

另外，西藏地区的草原地带紫外线照射强烈，建议配备PL偏振镜，可以有效过滤紫外线，提高画面质量。

5.3.3 西藏的草原、戈壁怎么拍

1. 充分结合点、线、面

点、线、面都是摄影构图的重要元素，它们并非完全独立地存在于作品中，而是相互协调、相互平衡地充实着作品，因此，充分结合点、线、面并加以合理地运用是相当考验摄影师的构图能力的。

在西藏拍摄草原、戈壁时，充分结合点、线、面去构图并非难事。随处可见的牦牛、羊、佛塔就是“点”， 河流、山脉、道路或者起伏的地平线是大自然恩赐的“线条”，蓝天、水面、草地或者大片的云彩都可以依据形状或色彩的不同而成为一个个“面”，合理地安排点、线、面的位置可以起到平衡画面、美化空间格局的作用。

>>> 焦距：90mm 光圈：F7.1 快门速度：1/250s 感光度：ISO 100

这幅作品的整体色彩是褐黄色，而且前景、中景、背景全部都是同一种色彩，好像一面巨大的布景板。一位藏族母亲带着两个孩子路过，他们身上的服饰恰好区别于褐黄色，成为画面中唯一的视觉焦点，以点的形式起到了优化画面结构、点明拍摄立意的作用

拍摄地点：米拉山

拍摄地点：藏北草原

>>> 焦距：17mm 光圈：F16 快门速度：1/250s 感光度：ISO 200

河流的曲线形状迅速地集中了观者的视线，将白色帐篷安排在C形曲线中，这是一个结合点和线条的构图特征来突出主体的典型安全

在草原上有湖泊或者河流的地方就会出现一些沼泽，那些突出水面的草墩被称作“塔头”，在各种光线的作用下，能在水面上形成迷人的光影效果。拍摄时尽量采用标头或者中焦镜头，可以获得与人眼的视觉感受基本相符的画面效果，拍摄位置较好时可以使用广角镜头将远处的雪峰一并摄入画面

拍摄地点：帕羊草原

>>> 焦距：73mm 光圈：F11 快门速度：1/80s 感光度：ISO 100

2. 表现画面的辽阔感

开阔的场景相当考验摄影者的取景构图功力，通常用超广角镜头配合横画幅构图可以突出画面的辽阔感。当画面显得空而单调时，可以积极寻找趣味中心或者前景。在西藏拍摄随处都可以找到有价值的构图元素，最常见的就是玛尼堆、经幡、佛塔、牛羊群等，不但有明确的地域指向性，能抓住观者的视线，而且会产生以小见大的效果。可以利用广角镜头近大远小的成像特性来创作，使近处的前景成为主体，画面中远处的草场就变得格外辽阔。

>>> 焦距：17mm 光圈：F16 快门速度：1/320s 感光度：ISO 200

拍摄地点：藏北草原

超广角镜头具有极广的视野，大景深可使照片显得辽远而空旷。湖泊中倒映着蓝天白云，色调统一而和谐，保证了作品结构的完整性。中景的草场既交代了地域特征，增加了视觉变化，同时也起到了划分空间格局的作用，大大增强了画面的空间感

拍摄地点：浪卡子　　>>> 焦距：65mm 光圈：F32 快门速度：1/60s 感光度：ISO 100

这幅作品的主体是草原上觅食的牛羊，高角度俯拍使画面呈现出很强的空间感，宽阔的草场和远处的蓝天白云构成了一幅大景深的风光大片，但前景却显得有点空。所谓“画留三分空，生气随之发”，前景虽然无景，却起着平衡画面的作用，使作品显得不那么拥挤、沉闷，制造出了辽阔的空间美感

>>> 焦距：30mm 光圈：F16 快门速度：1/200s 感光度：ISO 200

河流的曲线造型给读者以柔美、律动的印象，曲线的走向从前景一直延伸至远方，使画面极具纵深感

拍摄地点：当雄县

3. 尝试不同的取景角度

拍摄角度和拍摄高度会影响宽广景物的气势。高角度俯拍可以尽可能地展现景物的全貌，使画面具有较大的空间感和立体感，配合侧光拍摄时，画面就会有一种奇妙的光影效果。尤其是成群结队的野生动物自由驰骋之时，俯拍更能表现它们的速度和激情。

高原的云彩千变万化，而且位置较低，一向是摄影中上乘的点缀，有时甚至可将其作为拍摄主体。如果恰好草原上有三三两两的牛羊，就应该采取低角度平拍，蓝天白云与牛羊连成一体，就构成了一幅恬淡、闲适的田园风光；如果采取高角度俯拍的话，画面就会显得零散，所表现出的信息也不完整。

>>> 焦距：70mm 光圈：F10 快门速度：1/1250s 感光度：ISO 400 拍摄地点：仲巴

高角度俯拍成功地将藏野驴四蹄奔腾的生动姿态表现出来，同时，画面整体的暖色调也传递着热情奔放的情绪，这种和谐统一的画面很容易给人留下深刻的印象

>>> 焦距：70mm 光圈：F10 快门速度：1/1250s 感光度：ISO 400 拍摄地点：新定日

不同的拍摄角度意味着不同的视野，拍摄动物时可以蹲低身体，采取平视角度拍摄能够传递出一种平和的态度，容易使观者产生一种视觉及心理上的贴近感，以动物之眼来看待这个世界

「娇小的油菜花在画面中呈现出立体、高大的效果，改变了平淡无奇的前景。有时候只需要换一个角度，那些司空见惯的美景同样精彩」

拍摄地点：松多

››› 焦距：40mm 光圈：F8.0 快门速度：1/320s 感光度：ISO 200

5.4 日出日落摄影技巧

››› 焦距：90mm 光圈：F45 快门速度：1/4s 感光度：ISO 100　　拍摄地点：吉乌寺

「当太阳尚未完全跳出地平线时，一道奇妙的光带已经划亮了黑暗的天空。此时天空中的散射光成为画面的主要光源，万物都沉浸在浪漫的宝蓝色调中，然而地平线上的那条云带反射着将要升起的太阳光线，冷暖色调对比形成了蓝、紫、粉、橙几种色彩的交汇。逆光使经幡等被摄景物形成了剪影效果，为大自然的“图画”增加了更加浓厚的艺术气息」

5.4.1 西藏的日出日落拍什么

日出日落的自然光线入射角度低，光质柔和，景物的影子修长而细节丰富，同时光线变化极快，由于色温较低，万物都像披着一块暖色的轻纱，迷人而浪漫。无论将镜头对准何处，你都能够得到一幅迷人的摄影作品，因此晨昏时分的光线格外受到风光摄影师的青睐。

西藏的日出日落更是美轮美奂，大自然中的任何景象都将得到生动而富于变化的表现。例如日照金山，初升的太阳从雄伟的雪山山峰后跃跃欲试，光芒乍射，暖色调光线与冷峻幽蓝的雪山形成了明显对比，画面极具艺术感染力。傍晚，即将落山的太阳为云彩绘上了各种奇异的色彩，绚烂的火烧云投影在水面上，海天之间铺陈着一幅壮丽而浪漫的风景画，色彩丰富而饱满。另外，日出日落的光线尤其适宜拍摄建筑、土林、石柱等景观，低角度的光线能使被摄体的影子更加修长，雕塑感强烈。当光线逐渐强烈时，画面中会产生一些颇具戏剧性的高光，准确的曝光又可以保证阴影区域的细节被完整地保留下来，此时的画面影调十分丰富。

>>> 焦距：250mm 光圈：F16 快门速度：1/125s 感光度：ISO 100　　拍摄地点：扎达县

札达土林是远古时代受到造山运动的影响，湖底沉积的地层长期受到流水切割并逐渐风化侵蚀，从而形成的特殊地貌。日落的光线依然强烈，为土林中的“树木”勾勒出了明确的形状和轮廓，着重表现了土林这一特殊地貌的自然形态。浓重的阴影同时还凸显了前景中的亮部，细碎的沙粒在侧光的照耀下熠熠生辉，与远景的土林形成了某种情感的关联，沧海桑田之后，它们是否也会成为奇特的土林呢

>>> 焦距：65mm 光圈：F11 快门速度：1/100s 感光度：ISO 100　　拍摄地点：瓦村

雄伟的山峰阻挡了太阳光线进入尼洋河谷，画面中的林海和前景中的草地都处于大面积的阴影中，在蓝天白云的映衬下，地面的景色似乎有点黯然失色。此时，日落的光线在尼洋河面上洒下了一层金色的光辉，与蓝天的倒影形成了冷暖对比。整个画面明暗反差强烈而不生硬，影调生动丰富，日落时分的低色温光线堪称神来之笔

5.4.2　拍摄日出日落所需器材

1. 相机

从理论上来讲，任何相机都可以用于拍摄日出日落。焦距段的选择取决于你的拍摄需要及主题，是要表现日出日落时太阳本身的变化，并将其作为画面主体，还是要利用日出日落的光线去表现景物。长焦镜头的使用可以使太阳在画面中占据较大比例，有利于突出主体，但焦距过长有可能导致画面的信息量太少，影响拍摄主题及情感表达；广角、中焦镜头的使用同样频繁，因为真正意义上的日出日落不只局限于一个孤零零的太阳，这个焦距段可以将霞光之中的万物一并摄入画面，气势恢弘，但不建议使用超广角镜头，因为画面过于宏大同样会影响照片的可读性，主体地位也不明显。

2. 测光表

相机的自动测光系统将所有被摄体的反光率都假设为 18%，并以此为依据计算出光圈和快门速度的曝光组合。在日出日落这种复杂光线的环境下，机内测光系统无法兼顾亮度较高的太阳和较暗的地面，导致云彩、霞光和地面的细节无法被完整地保留下来。因此，建议在拍摄日出日落时应该使用更加灵敏、准确的手持测光表，为准确曝光打下基础。

5.4.3 西藏的日出日落怎么拍

1. 把握最佳拍摄时机

西藏和内陆处于不同时区，因此日出日落时间大约有两小时左右的时差。西藏的夏天一般 6 点 30 分左右天亮，21 点 30 分左右天黑；冬天则是 8 点左右天亮，19 点 30 分左右天黑。由于日出日落时光线最炫丽的时间只有几分钟，因此要提前赶往拍摄地等待光线的到来。

事实上，日出之前和日落之后同样是拍摄的绝好时机。高原的能见度极高，光线的亮度完全可以支持相机正常工作，由于不受太阳的影响，整个天空及地面都处于高色温影响下的灰蓝色调，云彩的层次细腻而柔美。傍晚，当日光逐渐消失时，时常会有一弯月牙正跃跃欲试地移往中天，而火烧云的色彩则十分炫目，形状夸张，如果此时已经收起相机，就会错过这难得的美景。

（1）了解太阳方位

日出的方向与纬度、季节有很大关系，而且光线变化很快，因此需要事先了解日出的方向和角度，这关系到被摄物体的受光状况、拍摄位置的选择以及构图角度。

精心的准备工作会让我们的拍摄从容不迫，在等待光线时，我们可以通过对太阳方位的了解来判断光线的方向，从而在心中提前构思画面，是否需要光线直接照亮主体？在哪个位置拍摄可以更好地利用顺光、侧光和逆光？是否需要改变白平衡的设置为画面增加一些艺术效果？当拍摄者在脑中已将可

焦　　距：70mm　光　　圈：F5.6
快门速度：1/640s　感 光 度：ISO 100
拍摄地点：象泉河

这幅作品的拍摄时间是将近晚上九点，当时天空布满黑云，太阳不知所踪，光线的质量无法实现拍摄构思。就在同行的影友以为要失望而归时，天空突然大放异彩，厚重的云层对这道橙色的光线起到了过滤作用，少量的暖色调光线落在水面上，使天空与地面同时存在着某一影调范围内的色彩，稳定了画面结构。面对如此美景，我分别利用不同的快门速度拍摄了三张照片，另外两张刻意延长了曝光时间去表现云彩的形态，同时导致了周围环境亮度的增加，而只有这张暗调作品充分运用了稍纵即逝的光线，假如没有反射着暖色调光线的水面，这幅作品将被高亮的天空横向割裂，就是一幅构图失败的照片

明确了日出的方位即光源的方向后，那么你的拍摄位置将如何选择？摄影艺术的可贵在于创造，不要拘泥于某个习惯的拍摄视角，站在原地旋转 360°，你的“摄影之眼”将得到拓展。图中的景色本来在拍摄者的背后，乍射的光线呈现出一个清晰的扇形，最靠近峰顶的光线已经泛紫，而绝大部分光线色温偏低，这幅作品巧妙地利用了色彩的渐变层次去表现日出时光线色温的变化，与其他强调恢宏气势的作品相比，这张照片更加亲和地记录了拍摄者所看到的瞬间

焦距：28mm　光圈：F10　快门速度：1/250s　感光度：ISO 100
拍摄地点：当雄

能遇到的问题都演练过后，光线一到，即可立即测光拍摄，然后通过回放照片来检查曝光情况。如果画面效果不理想，及时调整曝光补偿再继续拍摄，这样才有更多的时间去尝试以各种角度、焦距段等进行拍摄的可能性。

（2）选择适当的季节

每天都有日出日落，因此理论上任何时候都可以拍摄日出日落。相对而言，春秋两季更适合拍摄日出日落的美景，因为这两个季节的日出时间较晚而日落时间较早，摄影者有充裕的时间进行准备工作。另外，春秋两季天空中的云层较多，有利于烘托画面气氛。

>>> 焦距：250mm 光圈：F11 快门速度：1/60s 感光度：ISO 100　　拍摄地点：江孜县

日出后的太阳迅速升高，光线逐渐聚拢。拍摄时利用阴影遮挡了宗山古堡的底部，吸引观者的只有被照亮的一部分，有险峻之姿、雄浑之气。除了宗山古堡，云彩无疑是成就这幅作品的功臣，夏季的云层形态万千，奇妙而且善变，画面底部的阴影厚重而略显生硬，正好衬托了云彩的飘逸和灵活

2. 调整快门、白平衡等相机设置

拍摄日出日落时使用的快门速度取决于云彩的变化速度和太阳的光照度。当太阳亮度高时，云彩随着光线的方向、硬度的改变会呈现不同的形态，因此有必要使用低感光度、小光圈进行拍摄，可以用拼接的方式展现更大面积的云层。当太阳亮度低时，比如傍晚，光线的亮度会明显下降，此时就需要使用慢速快门进行拍摄，长时间曝光可以把云彩拍出静态美感。一定要准备三脚架，手持长焦镜头拍摄必然会影响画面效果，如果有快门线并使用反光板预升功能，可以获得更好的画面效果。

拍摄地点：纳木错　　>>> 焦距：250mm　光圈：F4.5　快门速度：1/15s　感光度：ISO 400

画面中没有明确的光源，而且元素极少，幽冷的水面反射着一道玫瑰金色的光线，亮部以一种韵律感极强的线条延伸至远方，画面的左上方也出现了类似的一抹暖色，形成了极强的空间纵深感。拍摄时已经是晚上九点，由于光照不足，因此特意将曝光时间延长至15s，并通过提高ISO感光度来获得更高的快门速度，高感光度带来的颗粒感并没有帮倒忙，反而使画面拥有了一种海沙般细腻的质感

在拍摄日出日落景色时，白平衡的作用与滤色镜很相似，可以改变画面的色彩。有时我们见到的日出日落照片会呈现为灰蒙蒙或者苍白的颜色，原因就是没有选对白平衡模式。一般数码相机都包含日光（晴天）、阴天、荧光灯、白炽灯等白平衡模式，而选择自动白平衡时，它会自动校正光线中的偏色现象，将日出日落光线中的黄色调完全剔除；白炽灯白平衡的色温偏高，选择这个模式以后整个画面就会变成蓝色；只有日光白平衡的色温适中，拍出的画面偏橙红色，最能表现日出日落时的金黄色意境和氛围。

>>> 焦距：90mm 光圈：F45 快门速度：1/15s 感光度：ISO 100　　拍摄地点：江孜县

云彩是大自然最负盛名的画家，在天空中随便挥洒几下就是一幅绚丽的画卷。在拍摄时我们也可以人为地为画面增加某种颜色，使用各种艺术滤镜或者设置白平衡都能获得这种效果。拍摄这幅作品时将白平衡模式设定为日光或晴天白平衡，它的色温约为5200K，当与拍摄环境的实际色温不符时，画面就会产生冷色调方向的色彩偏差，即偏蓝，为画面营造了十分浓厚的艺术氛围

3. 正确控制曝光

日出日落可谓是摄影人眼中的最佳拍摄时机，尤其是风光摄影，但由于此时太阳是场景中最亮的光源，测光和曝光都有一定难度。

拍摄日出日落时最关键的技术就是测光，此时应以太阳周围的天空亮度为标准，采用中央重点测光或多区评价测光模式，并在测光结果的基础上增加或降低0.5 ~ 1EV曝光补偿，这样就可以保留画面丰富的层次，尤其是云彩的光影变化，同时也能提高画面的色彩饱和度，增强冷暖色调的对比效果。为了得到更加精准的测光结果，可以使用手持测光表寻找一个光照适中的区域进行点测光，或者选择画面的拍摄主体进行测光，尽量避开有太阳直射或有地面阴影的区域。按下曝光锁定按钮可以锁定曝光，重新调整构图之后，就可按照刚才得到的测光结果进行拍摄。

日落时，柔和的光线打在雪山上，天空、旗云都得到了完美的呈现，画面虽然没有很强的视觉冲击力，但在这幅作品中，旗云层是画面的点睛之笔。拍摄这张照片时选择了对雪山进行测光，并通过降低曝光补偿来渲染画面气氛

拍摄地点：色季拉山

>>> 焦距：200mm 光圈：F8.0 快门速度：1/100s 感光度：ISO 125

>>> 焦距：17mm 光圈：F8.0 快门速度：1/30s 感光度：ISO 200　　拍摄地点：纳木错

画面中的两个石柱是纳木错的迎宾石。清晨七点，太阳在地平线上跃跃欲试，示威似地将暖光射向了黑压压的云层和冷色天空。然而这幅作品并没有刻意去表现日出时绚丽多彩的光线，而把表现重点放在光与影的关系上，因此在曝光时将占据画面三分之二的天空作为了曝光依据，忽略了暗部细节。这样做的理论依据是，观者的视线通常会迅速地集中在画面中明亮的区域，即图中接近地平线的位置以及被光线照亮的云彩，假如拍摄者仍要在曝光时兼顾前景，则在很大程度上分散了观者的注意力。拍摄者将迎宾石处理为剪影，并且使这个最重要的构图要素处于这个明亮区域时，反而强化了主体地位，无论是构图还是色彩，都显得和谐自然

Tips　　**几种常用的测光模式**

● 中央重点测光、多区评价测光是两种摄影中常用的测光模式。中央重点测光偏重于对取景器中央区域进行测光，测光区域约占整个画面的75%左右，适用于大部分场景，当被摄主体不在画面中央或采用逆光拍摄时则不适合使用该测光模式。多区评价测光几乎适用于各种拍摄题材，当然也包括人像，这种测光模式将画面划分为十几个甚至几十分区域，分别读取这些区域的亮度，然后再根据不同区域的权重由相机计算出一个合理、相对准确的曝光值，其特点是能够兼顾画面中央和边缘部分的曝光，因此适用于大部分场景甚至逆光拍摄。

● 点测光模式基本上在光线复杂的情况下才会使用，这种模式的测光范围很小，一般占整个画面的1%～3%。测光时对准画面中18%中性灰的区域测光，会得到极其精准的曝光值，但是对摄影技术要求极高，必须能准确地判断出测光点的位置。在光线复杂时，曝光锁定功能很重要，持续按这个按钮，相机的曝光数据（光圈、快门速度）就不会再改变，然后再重新构图拍摄，无论如何改变取景范围和拍摄角度都不会改变之前的曝光值。

4. 如何拍好太阳

日出日落时的太阳或朦胧，或光华乍收，绝对有资格成为画面中的主体。通常有两种情况：第一种情况是圆圆的太阳在画面中占较大的比例，此时要尽量用长焦镜头，通常在标准的35mm画幅中，太阳的大小约为焦距数值的1/100，如果用50mm标准镜头拍摄，太阳的直

径只有0.5mm，如果使用长焦镜头的400mm焦距拍摄，太阳的直径就能达到4mm，而且长焦镜头有利于表现空间透视感，直接拍摄太阳有可能在镜头内产生眩光，使用遮光罩、缩小光圈都有助于减少眩光；第二种是使用广角镜头太阳呈星芒状，可以用F16或F22这样的小光圈，光圈收缩得越小，星芒效果就越好。

拍摄时可以适当寻找前景来烘托画面氛围，如树枝、人影、水面等，这些都有助于增加画面的空间深度并平衡画面，增强作品的艺术表现力。

焦距：70mm 光圈：F11 快门速度：1/50s 感光度：ISO 100 拍摄地点：林芝

这幅作品拍摄于清晨七点，初升的太阳柔媚清秀，淡淡地绽放着光华。由于光照不足，万物好像都被笼罩在一层薄雾中，山峦的线条隐约可见，色彩由近及远地渐渐淡化，乃至彻底从冷色调过渡到暖色调的粉红，空气透视感极强。将太阳作为主体来拍摄，很容易使画面显得空旷无聊，然而这幅作品好似西方画家淡淡的几笔涂鸦，简约之余却不失色彩的灵动

日出后不久，光线强度逐渐增加，使用F13的小光圈可将太阳呈现为美丽的星芒状，同时减少了镜头的进光量，防止画面过曝。拍摄者蹲低身体去仰拍牦牛，一方面让牦牛在画面中显得高大，给人了一种异于常规的视觉感受，同时也使蓝天成为了纯色背景，起到了净化画面的作用

拍摄地点：纳木错

焦距：23mm 光圈：F13 快门速度：1/250s 感光度：ISO 100

5. 如何拍好日出日落时的云彩

日出日落时的景致，唯有云彩能与太阳争一争风头。尤其是高原的云，立体感很强，又与风形成千丝万缕的互动关系，因此每个瞬间都是不容错过的美景。

不同厚度的云层对阳光有不同程度的遮挡，拍摄云彩的最好的时节是春天和秋天，此时云层薄而空气通透，画面具有很强的艺术感。尤其是当太阳被云彩遮住时，强烈的光线将整片云彩照得通亮，形成大场面的放射性光线景象，此画面十分梦幻。傍晚时的太阳亮度渐暗，挡在它前面的云彩更加变幻无常，且色彩华丽，因此要求摄影者随时准备按下快门。

焦距：17mm 光圈：F10 快门速度：1/25s 感光度：ISO 200 拍摄地点：吉乌寺

画面中的云彩规模很大，色彩瑰美，足以媲美电影中的梦幻镜头，因此在构图时可以让天空占据画面的三分之二甚至更多的面积，这幅作品只保留了极少一部分地面景色，目的是为了增加画面的空间感。低角度的顺光勾勒出了这片云彩的轮廓形状，使之在画面中的主体地位得到凸显，而云层底部的暗影使这片云彩像极了波涛汹涌的海浪，似乎在有意打破这片美丽风景的宁静，使画面气氛骤然紧张起来，情感层次也很丰富

焦距：17mm 光圈：F4.0 快门速度：1/45s 感光度：ISO 100
拍摄地点：绒布寺

拍完珠穆朗玛峰后已经将近晚上九点，西藏夏季的日落时间较晚，因此天空仍然保持着足够的亮度。大面积的云彩吸收并反射着落日的余晖，散发着一种淡雅婉约的暖色调，45s的曝光时间使云彩的形状和质感十分柔和，也保证了绒布寺白塔和地面景物的清晰度

6. 如何拍好剪影

在清晨和日暮的时候，想要拍出剪影的效果，可以利用逆光，此时的光线开始从强烈转为柔和，但照射角度变低，造型作用增强，不仅丰富了画面的视觉元素，更为画面增添了趣味。测光时用主体挡着太阳，对着天空区域测光，不要让地面景物进入测光范围，利用曝光锁定按钮锁定测光结果后对着主体对焦，重新构图后再拍摄。此时拍摄的目的是表现环境气氛，不必过分追求画面的层次，曝光宁可欠一点也不要过了，只有被摄主体曝光不足，与背景形成明显差异，剪影效果才会更完美。

>>> 焦距：17mm 光圈：F14 快门速度：1/4s 感光度：ISO 200　　拍摄地点：纳木错

拍摄这幅作品时太阳已经完全落下，天边留下一道“鱼肚白”似的白光，暖色调的粉色光线正在逐渐消退，在蓝色调冷光主导的画面中显得格外醒目，几分钟后天空就变为全黑了。此时的光照条件已经不足以让经塔清晰地呈现出来，将其处理为剪影是最明智的决定。4s的曝光时间可以使天空的亮度增加，与经塔形成了明显的对比，此时要对天空测光并以此为曝光依据，选择经塔作为对焦点。转经者正在行走的身影被慢速快门虚化，为略显凝重、静止的画面增加了一丝动感

7. 日出日落照片的后期处理

为了便于照片的后期处理，应该将照片的保存格式设为RAW格式，或者RAW+JPEG格式，这样可以最大限度地保留照片的原始数据，为后期处理提供更大的空间。

有时因为高速连拍太仓促或构图不严谨，照片中的地平线是倾斜的，对于日出日落照片而言，这种问题应该加以修正。此时可以通过裁剪进行二次构图，去掉过多的空白或遮挡物，将画面集中在层次丰富的地方，就可以有效地吸引观者的注意力。一般数码相机拍出照片的比例是3 ∶ 2，但不是所有的照片都适合采用这个比例来表现的，有些不常用的比例反而更能表现出效果。比如正方形的画面，看似中规中矩，实则有效地打破了“主体不可居正中”的法则，而且将镜头稍微倾斜进行菱形取景反而有一种别出心裁的趣味。1 ∶ 2以至1 ∶ 4的长条画面会拓宽观者的视野，这种辽阔的画面会使观者的临场感得到增强。

西藏特殊的地域环境孕育了其独特的人文氛围，神秘的藏传佛教影响着绝大多数藏族群众的日常生活及精神信仰，也进一步影响了西藏的建筑风格、传统节日、手工艺以及民族性格。西藏地区还盛行苯教，发源于古象雄文明时期，涵盖藏医、天文、地理、历算、绘画、哲学等多个领域，是世界上最为古老的宗教之一。

在西藏地区，风马旗、佛塔、玛尼堆、转经筒、酥油花、唐卡、擦擦、藏服、藏饰、藏香、藏药、藏式手工艺品等都与西藏的历史文化、宗教信仰以及民俗风情息息相关，是人文摄影师取之不竭、用之不尽的摄影素材库。利用手中的镜头完整、客观、真实地记录西藏人文景观，有助于全世界了解西藏、走近西藏、敬畏西藏。

第6章
高原特色人文摄影必修课

6.1 寺庙、宫殿摄影技巧

>>> 焦距：31mm 光圈：F11 快门速度：1/60s 感光度：ISO 100 拍摄地点：哲蚌寺

拍于西藏阿里地区，西藏玛尼堆是由大小不等的石头经年累月集垒起来的，上面刻有六字真言和各种神像，在藏族信徒心中，牦牛的头骨，是它们的神物，将其放在玛尼堆上向西藏的天神祈祷，能给全家带来吉祥如意。拍摄时采用了顺光让大面积的玛尼堆的更显壮观，为了突出玛尼堆画面后期进行了剪裁

6.1.1 西藏的寺庙、宫殿拍什么

宗教信仰为西藏增添了无穷的魅力，寺庙、宫殿是僧侣和信徒们长期聚集、祈祷、转经的地方，因此在建筑、绘画、雕塑等各个领域都有几处可圈可点的代表性建筑物。闻名中外的有布达拉宫、大昭寺、雍布拉康、扎什伦布寺等，一砖一瓦都承载着西藏的历史和藏族人民对信仰的忠贞。

1. 建筑外景

拍摄寺庙的外景时应该将建筑与它所处的环境结合起来，主要表现寺庙、宫殿的建筑布局。

>>> 焦距：17mm 光圈：F13 快门速度：1/125s 感光度：ISO 100

西藏的寺庙、宫殿大多建在山上，在建造过程中巧妙地利用了山势地形，因此建筑显得高大雄伟。拍摄时使用了广角镜头，红色围墙形成的线条极富节奏感，将建筑的气势展露无遗，格局协调、完整

拍摄地点：甘丹寺

此时最好使用广角镜头，这样能增强画面的纵深感，较近的拍摄距离就可以将建筑全景纳入画面，凸显庄严而肃穆的氛围。除了拍摄全景格局以外，还应寻找具有代表性的建筑特征，例如大昭寺的神鹿法轮金顶，鲜明的建筑色彩也可以加深观者的印象。

色彩是西藏藏传佛教建筑的重要组成部分，它传递着宗教、民族、文化等方面的信息。在西藏，大到寺庙建筑、民居，小到藏服、藏饰、藏毯和手工艺品，经常看到红、黄、蓝、白、绿五种颜色的应用，它们被西藏原始宗教认为是代表本源的象征色，后来被藏传佛教吸收。在拍摄这幅作品时，刻意选择了侧光，以便使建筑的色彩饱和度更高，画面色彩更吸引人的眼球；在构图时将藏族母亲与孩子一同摄入画面，增加了作品的人文内涵，画面艳而不俗

>>> 焦距：80mm 光圈：F16 快门速度：1/125s 感光度：ISO 100

2. 建筑内景

寺庙内景的拍摄内容包括酥油灯、佛像、壁画等。由于室内的光线较弱，此时可通过提高 ISO 感光度、使用三脚架、开大光圈等来提高画面的清晰度和亮度。

在藏传佛教的寺院中，佛像前都供着一种以酥油为燃料的长明灯，这就是酥油灯。它传达着信徒的虔诚和祈祷，让活着的人与逝去的灵魂得以交流与沟通，是西藏寺庙的一大标志。拍摄酥油灯时可以适当把 ISO 感光度提高一点，以保证所使用的快门速度高于安全快门速度；在设置曝光参数时，应该在平均测光的基础上降低 0.7EV 的曝光量，以更好地渲染出宗教气氛。

壁画在西藏地区属于常见的一种绘画形式，内容主要以宗教题材为主，也有历史画、民俗画、建筑画等，这些壁画有助于人们了

>>> 焦距：16mm 光圈：F5.6 快门速度：1/30s 感光度：ISO 160

拍摄这幅作品时使用了 1/30s 的曝光时间，酥油灯的火焰摇曳生姿，形态生动。这幅作品的拍摄难点在于测光，由于是混合光源，明亮的窗口会影响测光的准确性，同时也会分散观者的注意力，但超广角镜头的大视角无法避开它，因此干脆将一大半玻璃窗摄入画面，玻璃上反射的酥油灯影像和窗外地面上的水迹赋予了作品一种虚实相生的视觉感受，整体亮度的提升也降低了曝光难度

拍摄地点：扎什伦布寺

解、研究西藏的历史文化。拍摄壁画类似于翻拍，宜用中焦镜头以防止画面变形，尽可能地使机位与画面保持平行；千万不能为了提高亮度就使用闪光灯，因为壁画是采用传统颜料绘制而成的，闪光灯会导致其褪色，只能采取长时间曝光的方法进行拍摄；为了准确还原壁画的色彩，建议自带白板或灰板，手动调整白平衡设置；如果壁画的幅面很大，可以考虑采取拼接构图的方法，这样可以避免画面边缘部分的图像变形。以上拍摄要点同样适用于唐卡拍摄。

在昏暗的寺庙内拍摄壁画时，由于光照不足，画面的色彩和清晰度都无法得到保证。在不能使用闪光灯的情况下，只能延长曝光时间，以使使壁画的色彩和形态都能得到较好的还原，此时一定要使用三脚架以保证画面的清晰度

拍摄地点：托林寺

››› 焦距：110mm 光圈：F5.6 快门速度：3/5s 感光度：ISO 100

3. 宗教活动

西藏寺庙中经常有法师讲经、僧侣辩经、跳神舞等活动，每年的雪顿节、藏历新年等重要节日还会举行隆重的晒大佛仪式，届时会有络绎不绝的信徒前来朝拜，是拍摄人文题材的好时机。寺庙活动大多是户外的动态画面，光线条件较好，此时一定要使用高速连拍功能，以保证能够抓拍到舞动的精彩瞬间。中长焦是使用率最高的焦距段，如果有条件靠近被摄主体，则可用广角镜头进行拍摄。

雪顿节上，巨大的唐卡佛像被“晒出”，信徒们纷纷扬起手中洁白的哈达，向佛祖表达着虔诚的敬意。我在拍摄这幅作品时一反常态，并未将大型唐卡作为拍摄主体，而是借由唐卡的一角来点明拍摄环境和事件缘由，着重表现雪顿节晒佛仪式的盛大规模，以及藏族群众、喇嘛、信徒和游客们对于信仰的尊重和推崇。拍摄时使用较慢的快门速度虚化了空中的哈达，为神圣的画面氛围增添了一些动感

››› 焦距：24mm 光圈：F5.6 快门速度：1/20s 感光度：ISO 100　拍摄地点：哲蚌寺

>>>焦距：26mm 光圈：F13 快门速度：1/15s 感光度：ISO 100 拍摄地点：当雄县

在那曲赛马会上，不光有策马奔腾的骁勇骑士，藏族姑娘们还会跳起传统的舞蹈来助兴。这幅作品的色彩搭配十分和谐，藏北草原的绿色占据整个画面的绝大部分，而色彩斑斓的藏服就像花朵一样盛开，拍摄时利用慢速快门将舞动的衣袖虚化，使整个画面动感十足，避免了画面过于刻板。在构图时将地平线安排在画面上部的1/4处，只露出一小块灰色天空和一座雪峰，尽管面积极小，却起到了增强画面空间感的作用

6.1.2 了解宗教场所的禁忌

不管是朝拜的民众，还是到此一游的观光客，在西藏寺庙参观时都应该按顺时针方向走，尽量不要逆行，尤其是在转经道等场所；信仰苯教的则是逆时针绕行，不得跨越法器、火盆。在寺庙内不可随意喧嚣、交头接耳，禁忌随手摸佛像，如果巧遇佛事活动，可以静观或者默默走开。在寺庙殿堂内未经允许，不可随意拍照、录影。

对寺庙的僧人应该尊称“师”或“法师”，例如，应称主持僧人为“长老”、“方丈”、“禅师”，应称喇嘛庙中的僧人为“喇嘛”，即“上师”之意，忌讳直称为“和尚”、“出家人”，甚至其他污辱性的称呼；与僧侣交谈时不应提起杀戮、婚配、食荤等，表示友好时应该双手合十，微微低头，或单手竖掌于胸前，忌握手、拥抱、抚摸僧人头部。

藏传佛教认为大蒜的气味是对神明的大不敬，因此游客在前往寺庙之前最好不要食用大蒜。

6.1.3 拍摄寺庙、宫殿所需器材及保护

不同焦距段适用不同景别，拍摄宫殿远景时需要配备长焦镜头以压缩空间，拍摄近景时则需要使用广角、超广角镜头夸张前景进行艺术创作。在寺庙、宫殿内进行拍摄时，通常不允许使用闪光灯，因此配备一支大光圈镜头和具有高ISO感光度的数码机身很有必要。西藏寺庙的殿堂内普遍光线黯淡，为了能在参观时看清楚一些重要的壁画、雕刻等文物，建议携带手电筒、头灯等照明工具。

6.1.4 西藏的寺庙、宫殿怎么拍

1. 寻找制高点拍摄全貌

西藏的寺庙建筑极具特色，大多倚山而建，建筑结构紧凑，殿宇鳞次栉比。仰拍虽然可以表现建筑的高大、雄伟，但是俯拍建筑全貌更可以表现建筑的形式美感，也能给观者留下较深印象。寻找制高点并不难，例如大昭寺的金顶，视野宽阔，俯拍可以表现大昭寺建筑群以及大昭寺广场，遥拍布达拉宫的建筑也可以获得不错的画面效果。

>>> 焦距：65mm 光圈：F16 快门速度：1/60s 感光度：ISO 100 拍摄地点：大昭寺

每天都有无数信徒来到大昭寺朝拜，因此人潮涌动的大昭寺广场有着十分丰富的人文素材。我在这个拍摄位置拍出了不少成功的作品，而只有这幅黑白作品最具纪实意义，高耸的经幡旗杆象征着不可亵渎的信仰，众多行人犹如蝼蚁一般卑微，远处的地面反射着天空的亮度，呈现出一种泛着光泽的铅灰色，整个画面影调丰富而细腻，并未利用黑白对比刻意去夸大画面张力，反而更加朴实动人

2. 截取建筑的局部特色

建筑是一门高深的艺术，它不只是一个庞大的架子，建筑的内部构造、层次、色彩、雕刻装饰等都是建筑的重要组成部分，因此，景深较小的摄影作品更能表现建筑物的质感与神韵。由于藏传佛教的历史以及文化衍变，西藏的寺庙、宫殿建筑中经常出现具有宗教意义的特征，例如狮身人面像、金钟法鹿、象鼻龙首、鎏金铜雕等，而建筑上的雕刻和绘画风格则代表着某个历史时期的风格，对于研究西藏历史文化有着非常重要的意义。

>>> 焦距：24mm 光圈：F3.5 快门速度：1/60s 感光度：ISO 100
拍摄地点：古格王朝

西藏的寺庙建筑雕梁画栋，精致绝伦的工艺令人赞叹。由于没有直射光照射，画面的色彩还原十分准确，彩画中的神、鹿、狮兽等形态生动，降低曝光补偿使画面的色彩饱和度更高

3. 利用光线和烟雾烘托氛围

酥油灯被佛教信徒视为生命的长明灯，在西藏的每一家寺庙、宫殿中都可以见到一排排酥油灯，铜制的酥油灯灯碗和灯台质感很好。寺庙的院中大多都有煨桑炉，煨桑是藏民族对天神的祭拜仪式，传说袅袅升起的烟雾可以让天神有舒适感。这些宗教指向性较为明确的元素可以使画面的气氛显得庄重而肃穆。

>>> 焦距：17mm 光圈：F13 快门速度：1/250s 感光度：ISO 100
拍摄地点：大昭寺

煨桑是藏民族最普遍的一种宗教祭祀祈福仪式，每逢重大节日都会在居所、寺庙或各种宗教场所进行。在八廓街上，藏族群众围着煨桑炉转经诵佛，在烟雾缭绕中表达着自己的虔诚。在拍摄时有意将作品处理为黑白画面，一方面有利于增强作品的人文纪实性，另一方面也能在强光环境下更好地表现影调的丰富变化。在曝光时要寻找画面的次光源进行测光，并减少1~2EV曝光量降低场景亮度和压暗人物，以凸显前景中地面的光泽感，与天空形成呼应

哲蚌寺在西藏的众多寺庙中拥有极高的宗教地位，因此每天都有很多信徒前来祈福、添油灯等。拍摄寺庙内景时，通常都会遇到弱光拍摄这个难点问题，此时除了利用快门速度、光圈和感光度三者的配合外，还要善于把握拍摄环境的特点。这幅作品的成功之处在于利用了弱光进行拍摄，通过调整白平衡使光线的色彩发生偏移，暖调的黄色和整个环境形成了统一的色彩，画面不仅很生动，而且也给人一种虔诚的敬畏感

拍摄地点：哲蚌寺

>>> 焦距：40mm 光圈：F4.0 快门速度：1/13s 感光度：ISO 320

4. 切忌曝光过度

曝光过度是拍摄寺庙、宫殿等古代建筑的大忌讳，一方面不利于烘托画面的宗教气氛，同时也无法利用光影的层次去表现古建筑的沧桑感。尤其是在拍摄建筑内景时，在光线较暗、拍摄对象呈大面积深色调的情况下，曝光过度会导致画面的色彩昏黄，同时导致清晰度降低。

拍摄这幅作品时曝光是个难点，因为门楣上的狮兽正被光线照亮，与漆黑的门形成了十分鲜明的明暗对比，反差极大，很难控制光比，此时一定要大幅度降低曝光补偿，将画面亮部压暗，下部的门被处理为暗调效果，一方面压暗门上的杂乱元素，突出画面上半部分的主体，另一方面也提高了画面的色彩饱和度

拍摄地点：大昭寺

>>> 焦距：80mm 光圈：F5.6 快门速度：1/125s 感光度：ISO 100

5. 提高弱光下的拍摄能力

寺庙和宫殿的室内通常不会有高强度的光照条件，因此提高弱光下的拍摄能力是很有必要的。一般采用大光圈、慢门的方法增加曝光量，这时有必要使用三脚架来保持拍摄时相机的稳定，使用快门线可以避免机身产生抖动，从而提高画面的清晰度。当拍摄条件不甚理想，无法坚持长时间曝光时，可以适当提高 ISO 感光度来获得理想的曝光效果。在设置文件格式时尽量采用 RAW 格式，因为弱光下的摄影作品经常面临清晰度不高的问题，尤其是使用 B 门长时间曝光得到的作品，RAW 格式提供的画质效果要远远超过 JPEG 格式。

西藏的佛像以铜像居多，其反光很强烈，在室内弱光环境下，与四周形成非常强烈的明暗反差。此时测光是个难点，要找准介于佛像的高光部位与四周暗部之间的中间部位测光，然后收缩光圈，采用慢速快门进行长时间曝光拍摄，必须借助三脚架才能获得较高的清晰度

拍摄地点：白居寺

››› 焦距：29mm　光圈：F5.0　快门速度：1/4s　感光度：ISO 200

6.2 民俗风情摄影技巧

◆»» 焦距：17mm 光圈：F4.5 快门速度：1/500s 感光度：ISO 100 拍摄地点：当雄县

在重大节日上，藏族群众穿着贵重的传统服饰载歌载舞。红帽、红袍给观者留下热情激昂的印象，同时利用近大远小的透视特性强调了画面的空间感。拍摄藏服时要着重表现服装的色彩和样式，选择色彩较为单一的背景可以衬托出服装的鲜艳色彩，适当降低曝光补偿可以提高色彩饱和度，使珠宝看起来熠熠生辉

6.2.1 西藏的民俗风情拍什么

民俗摄影是指将现有的或者将要消亡的民俗活动中的可见文化，以影像的形式记录下来的摄影门类，它具有真实、直观的特点，能够以很高的可信度再现历史。西藏的民俗与藏族人民的信仰分不开的，拍摄内容相当丰富，藏族群众的日常生活、餐饮文化、手工艺品制作过程等都是常见的拍摄题材，其中藏香、木刻、手工藏毯的制作过程具有很高的拍摄价值。拍摄西藏人物时要着重表达民族特色和精神特质，从人物的表象挖掘他们背后的历史文化。

1. 藏族群众的日常生活

每个民族都有自己独特的历史文化和生活习惯，对于古老而热情的藏族来说，同样如此。正是这个原因，藏族才得以在现代社会中保留了民族的特性和独一无二的习俗，并得到世人的敬畏。

藏族人的日常生活与生活在内地的人有较大的区别，尤其表现在饮食文化上。藏族人先将青稞炒熟再磨成细粉，之后制成糌粑，食用时要拌上浓茶或者酥油、奶茶、糖、奶渣等，这就是藏族人的基本主食，牧区的藏族人更是很少吃其他粮食制品。在藏式帐篷中还能看到藏族妇女在打酥油，从牛奶、羊奶中提炼出来

的酥油被用于制作酥油茶，这是藏族同胞每日必喝的饮料，青稞酒也深受他们的喜爱。除此以外，藏族同胞的副食以牛、羊肉为主，有风干肉、血肠等传统藏式吃法。

藏族群众人勤劳而淳朴，随处都可以看到辛勤劳作的农民、从湖边背水的姑娘和孩童、在帐篷前纺毛线的妇女等。每一个生活细节都有可能是百年之前的祖辈们留下来的生活习惯，因此更加不容忽视，可以帮助我们全方位地了解藏族的历史和文化。

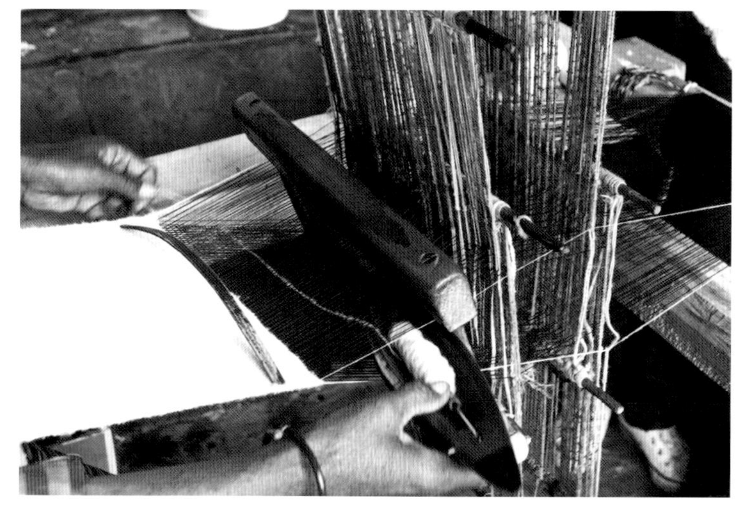

藏族妇女仍然在使用着古老的木制织布机进行纺织，这种景象在内陆地区已经很难见到了。采用广角和大光圈拍摄藏族妇女的特写动作，1/30s的曝光时间使被摄对象的手部和纺织的动作被虚化了，虚实对比更好地强调了画面的动感

拍摄地点：泽当镇

>>> 焦距：36mm 光圈：F7.1 快门速度：1/30s 感光度：ISO 200

>>> 焦距：17mm 光圈：F6.3 快门速度：1/60s 感光度：ISO 200 拍摄地点：林芝

在这座藏式帐篷里，灶头燃起的白色烟雾为整个暗调场景增添了气氛，使画面看起来不那么刻板，生活气息浓厚。藏族老阿妈手里拿的正是藏族群众家家都有的酥油筒，所谓的"打酥油"就是先把牛奶或者羊奶放在这个桶内，再利用手中的木柄反复捣拌，最终酥油会与奶分离，呈现为一种黏稠的乳状。拍摄是在顶光下进行的，因此被摄对象的双颊有明显的阴影，但丝毫不影响这幅作品对于人文情怀的表达

2. 藏服藏饰

藏族在历史上是游牧民族，经常随着水草和牧区迁移，因此服饰具有明显的游牧风格，保暖御寒的同时方便散热，臂膀活动自如。藏服的色彩鲜艳明快、对比强烈，尤其是普兰妇女的服饰备受摄影师的青睐，常有绿玛瑙、红宝石、珊瑚等贵重宝石作为点缀，因此价值不菲。

藏族服饰形式多样，主要以藏袍为主，平时方便携带日常用品，在需要露宿野外的时候，宽大的服装又可以当作卧具，实用性极高。藏族群众还善于利用工具将一些金属、宝石、动物骨骼等制作成为饰品，式样和纹路大多赋予了祈祷祥和的愿望，具有强烈的宗教意义。在西藏，饰品不是单纯作为装饰那么简单，无论是朝拜、转经、祈祷，还是各类盛大的民俗节日，男女老少都会将家中的贵重饰品佩戴在身上，呈现的不只是美和信仰，同时也代表着家庭的兴旺和富有。拍摄时可用闪光灯补光以强调颜色，除了拍摄服饰整体特征外，还要关注服饰的细节和局部特征，从不同的角度来展现藏服藏饰的特点、历史及艺术价值。

在节庆活动中，为了避免人物摆拍的尴尬和不自然，通常可以利用超长焦镜头在人群中抓拍，这幅作品的被摄对象表情自然，好像正在凝神打量着什么。运用F5.6大光圈将背景虚化，使被摄对象在画面中占据绝对的主体地位，着重表现藏族妇女的头饰，由红珊瑚、绿松石和蓝玛瑙串成的珠链具有十分明显的藏式风格

拍摄地点：色拉寺

>>> 焦距：285mm 光圈：F5.6 快门速度：1/180s 感光度：ISO 100

3. 集市

可以说集市是地方人文、民俗以及文化的缩影，当地人的生活环境、衣食住行、娱乐、商品等都是人文摄影的表现题材。拉萨的八廓街是拉萨三条转经道的中圈，每天都有喇嘛、信徒、朝圣者前来祈祷转经，摩肩接踵，而且集中着各式各样的藏式旅游商品，充满了浓郁的藏族生活气息。

>>> 焦距：200mm 光圈：F6.3 快门速度：1/250s 感光度：ISO 100 拍摄地点：八廓街

八廓街的手工艺品琳琅满目，色彩鲜艳。拍摄此类商品时应着重表现饰品的色彩，因此有必要降低半挡曝光补偿来提高色彩的饱和度，运用较大光圈拍摄可以保证适当的曝光量，使饰品的质感更突出

>>> 焦距：16mm 光圈：F2.8 快门速度：1/60s 感光度：ISO 100 拍摄地点：染森格中洛

这是藏族聚居区十分典型的甜茶馆，藏族群众不但在这里解决饮食问题，也是聚会闲聊的场所。拍摄此类画面时，利用广角镜头拍摄可以还原场景的纪实性，但难免千篇一律，画面没有拍摄重点。此时可以尝试与其中几位被摄者沟通交流，抓拍被摄者的神情动态，使作品具有记忆点，给观者留下深刻的印象

>>> 焦距：17mm 光圈：F4 快门速度：1/8s 感光度：ISO 100 拍摄地点：北京中洛

藏餐厅的室内装饰具有十分浓郁的地域特征，色彩艳丽、花纹繁复。拍摄时适当增加曝光有利于提高色彩的饱和度，但切勿过曝，否则会破坏画面丰富的影调变化

>>> 焦距：17mm 光圈：F4.0 快门速度：1/2000s 感光度：ISO 320 拍摄地点：八廊街

拉萨的八廓街与藏族群众的衣食住行密不可分，可谓是了解藏族群众生活起居的绝佳去处。拍摄街景几乎是每个旅游者都做过的事情，却很难做到记忆深刻。事实上，除了精心构图以外，最简单可行的方法就是选取一些地域特征明显的构图元素。这幅作品有意使用广角镜头将街边的民族特色店铺和人群一并摄入画面，充满了浓浓的民族气息，一方面增加了画面信息，交代拍摄主题，另一方面也渲染了气氛

4. 民俗节日

藏族的民俗节日很多，例如雪顿节、藏历新年、那曲赛马节、望果节等。每逢此时藏族群众都会盛装出行，特别是藏族的姑娘们，她们身上所穿的传统藏服以及佩戴的饰品十分贵重，平日里少有机会见到，是拍摄人像的大好时机。在藏族重大的传统节日里，人们跳藏舞、过林卡、演藏戏、赛马、转山，还有可能表演历史悠久的保留节目，这些都是表现藏族风情的绝佳题材。

>>> 焦距：80mm 光圈：F11 快门速度：1/125s 感光度：ISO 100　　拍摄地点：哲蚌寺

很多表现雪顿节的作品总给人千篇一律的感觉——唐卡、人山人海的大场面。这幅作品的亮点是将一位红衣僧侣安排在前景位置，一方面强调了画面的空间透视感，另一方面也表现了雪顿节的宗教含义

6.2.2 拍摄民俗风情所需器材

在西藏拍摄民族风情，广角、长焦、中焦镜头都大有用武之地，庞大的镜头群是抓拍人物、人文、纪实、风光的利器。但拍摄人物、人文时要事先与被摄者沟通交流，建议使用广角镜头外加长焦镜头拍摄，连拍模式可以帮助你抓住被摄者的每一个表情转变，有助于表现藏族群众的神韵和精神特质。

6.2.3 民俗风情怎么拍

1. 善用光线控制画面气氛

不同方向的光线对人物的表现力各有千秋。顺光对色彩有很好的表现效果，配合柔光拍摄可以表现人物皮肤的细腻质感，更容易看清人物脸部特征和细节；逆光大多用于表现人物的轮廓线条，此时曝光要稍微欠一点，以保留逆光营造的气氛；侧光最能够表现藏族同胞的硬朗气质，大量的阴影可以增强人物脸部的立体感，使皮肤的细节和质感展露无遗，曝光时可以对着亮部测光，保留阴影部分。

由于藏族人的肤色偏黝黑，测光时不能采用拍摄普通人脸部时的测光技巧，太亮了无法表现皮肤的质感，太暗了则完全没有细节，此时应该测量环境的亮度，征得对方同意后可用闪光灯平衡画面的明暗反差。

>>> 焦距：17mm 光圈：F11 快门速度：1/25s 感光度：ISO 200　　拍摄地点：邦杰塘草原

藏式帐篷中的光线很微弱，只好利用自然光为场景补光。侧光在被摄人物身上制造出了大片阴影，仅有的色彩来自于被摄人物的服饰和地毯，为作品增加了视觉差异的同时，也丰富了影调层次。针对画面高光部分测光并降低三挡曝光补偿，整个画面呈现出一种幽黑压抑的氛围，目的就是为画面蒙上一层神秘的面纱，引起观者的注意

2. 充分结合人物与环境

在西藏拍摄民族风情时应该充分利用环境进行构图，比如转经者身处的寺庙、转经道，转神山圣湖的信徒旁边的风马旗、玛尼堆，这些元素让在西藏进行的人文摄影并不只是单纯地拍摄人物肖像，而是利用人物去展现西藏的历史文化，这才是人文摄影的价值所在。拍摄时要注意环境光线情况，背景是明亮还是昏暗，如何选择拍摄角度才能将人物与环境结合得自然而和谐，即突出人物面貌，又能营造环境氛围。

>>> 焦距：24mm 光圈：F9.5 快门速度：1/15s 感光度：ISO 400　　拍摄地点：哲蚌寺

雪顿节晒大佛活动即将开始，众多僧人和信徒们将巨幅唐卡从寺庙中搬到展佛的山上。斜三角形构图使画面具有一种灵动感，配合人物行走的步伐和姿态，作品展现出了一种齐心协力的积极意义。僧人的红色僧袍与信徒的蓝绿色系衣服形成的反差，不但增加了画面的视觉变化，而后者又与周围环境中的绿树形成了呼应关系，整个画面色彩和谐统一

3. 控制快门来表现不同形式的美

西藏的民俗活动丰富多彩，尤其是在每年的雪顿节、藏历新年等重大节日，跳藏舞、过林卡、赛马、喇嘛辩经、转经等是比较常见的活动，这些活动尽显藏式风情以及藏族群众的精神文化追求。拍摄动态的民俗题材时，不同的快门速度具有不同的表现效果。

>>> 焦距：115mm 光圈：F4.5 快门速度：1/500s 感光度：ISO 100　　拍摄地点：当雄县

高速快门适合抓拍运动中的物体，例如那曲赛马会上的马匹和藏族汉子们扬鞭策马的精彩瞬间

>>> 焦距：135mm 光圈：F7.1 快门速度：1/100s 感光度：ISO 100　　拍摄地点：罗布林卡

慢速快门可以制造虚实变化的效果，例如拍摄藏舞时可以通过慢速快门进行长时间曝光的手法来表现运动中的舞姿，画面动感十足

4. 利用细节表现精神特质

摄影是一门艺术，它除了记录美、传达美之外，还肩负着传情达意的责任，也就是说一切客观的技术手段都应该服务于某个主观的精神命题。因此，民俗活动的最终拍摄目的并非为了纪实而纪实，而是通过这种形式来表现人们的生活方式、精神信仰、风俗习惯等，以便充分挖掘被摄对象的精神特质。

细节具有以小见大的魔力，例如藏族的服饰、色彩、佩戴饰品等，无一不是反映着藏族同胞的生活习惯和喜好；藏族老人的手总是布满裂痕，那是辛劳勤奋的表现。因此在拍摄这类题材时一定要细心观察，才能拍出张力十足的人文摄影作品。

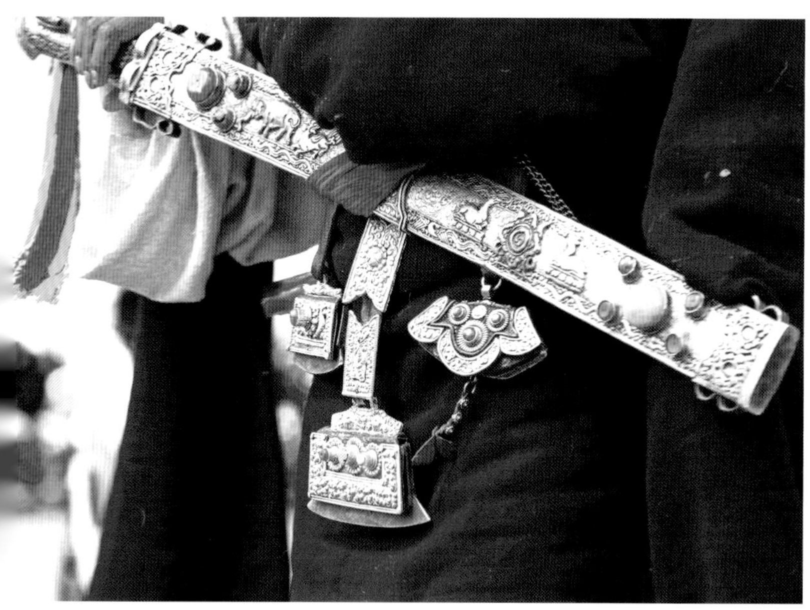

藏刀是藏族汉子必备的配饰之一，刀鞘上镶嵌着各种贵重宝石。利用超长焦镜头压缩空间，将远处的被摄主体“拉近”到眼前，对准高光部位测光后获得了准确曝光，不但使宝石具有较高的色彩饱和度，而且还能很好地表现出刀鞘的光泽度和质感

拍摄地点：类乌齐

>>> 焦距：150mm 光圈：F5.6 快门速度：1/125s 感光度：ISO 100

藏族群众认为石头是永恒的，因此他们世代都将对佛祖的虔诚之心刻在石头上。有时刻佛经中的六字箴言，有时也会刻各种佛像和吉祥图案，在刀刻出来的印记上再绘上色彩，这块石头就成为了玛尼石。由于拍摄这幅作品时已经是晚上八点，光照条件不佳，只能使用大光圈完成拍摄，这正是拍摄特写的绝佳组合，六字箴言在工匠师傅的手下十分醒目

拍摄地点：药王山

>>> 焦距：75mm 光圈：F8.0 快门速度：1/15s 感光度：ISO 100

第3篇 西藏旅游景点摄影指南

第7章 拉萨地区摄影旅游攻略

7.1 日光城——拉萨旅游攻略

7.1.1 拉萨印象

拉萨作为西藏自治区的首府，是西藏政治、经济、文化和宗教中心，有着1300多年的悠久历史。在藏语中，“拉萨”是“圣地”或“佛地”之意，金碧辉煌的布达拉宫便是至高无上的政教合一的象征。拉萨河谷冲积平原土肥水美，是西藏主要的农作物产区之一。由于在喜马拉雅山脉北侧，拉萨受下沉气流影响，全年晴空万里，冬暖夏凉，春秋则干燥而且多风，降水多在6~9月之间，经常在夜里下雨。拉萨的昼夜温差大，太阳辐射强烈，全年日照时数可达到3000小时以上，素有“日光城”之称。

很久很久以前，拉萨不叫“拉萨”，而是叫“吉雪沃塘”；它的母亲河不叫“拉萨河”，而是叫“吉曲”，意为吉祥幸福之波。公元630年，吐蕃王朝的第三十三位赞普（国王）松赞干布将政治中心从现在的山南地区琼结迁到了吉雪沃塘，建立了强大的吐蕃奴隶制王朝，并在红山上建造了布达拉宫。公元641年，松赞干布迎娶唐朝文成公主入藏，随后修建了大昭寺、小昭寺等寺庙。随着佛教的传入和兴盛，深入不同地域的信奉佛教的人们，以大昭寺为中心逐渐建造了商业区、居民区和衙门，所以八廓街是个圆形，这就是拉萨的旧城区雏形。藏族人民将这座城市视作“圣城”，“拉萨”之名便取代了原来的名称。拉萨的新城区围绕旧城布局，市区面积为59平方公里，人口将近27万，居民以藏族人为主，约占总人口的占87%，其余为汉族和回族。

7.1.2 拉萨食宿

在拉萨除了能吃到本地的藏餐外，还能吃到西北风味和回族风味的美食，也可以吃到西餐，当然，川菜馆的数量是最多的。藏餐是西藏菜的统称，用料广泛，风格独特，建议游客有机

「朝阳尚未升起，天空呈现的是一种忧郁、淡雅的冷色调，布达拉宫在这种光照条件下显得更加庄严、肃穆。拍摄时使用广角镜头将暖色调的路灯和车灯轨迹一并摄入画面，较慢的快门速度拉长了车灯的轨迹，小光圈使路灯呈现出星芒乍射的效果，缓和了阴郁沉闷的画面气氛；同时利用广角镜头近大远小的特性，借由路灯的形态去强调画面的空间感。作品的构图饱满，冷暖色调的对比为画面营造出了强烈的艺术氛围」

会一定要品尝一下。近几年拉萨的西餐厅发展势头很好，皆做尼泊尔餐和印度菜，同时供应冰淇淋、蛋糕等甜点。想吃西餐和藏餐的游客可以去大昭寺 ，比如著名的玛吉阿米、新满斋、拉萨厨房、雪域等都在大昭寺附近。西北风味餐厅一般供应西北地区的特色面食和新疆大盘鸡为主，在清真寺边上可以找到回族餐馆。

想要享受美食的朋友可以在德吉路、巴尔库路和太阳岛一带找寻。德吉路在布达拉宫的西边，从江苏路交叉路口开始向北延伸，依次经过罗布林卡路、北京中路这些繁华的商业地段。巴尔库路离德吉路不太远。太阳岛在城市南部的拉萨河畔，这里十分繁华，各种美食、娱乐场所云集此处。想去的朋友可以花十块钱打的到这里游玩。

拉萨市区有很多旅店深受背包客的欢迎，比如北京东路上的东措青年旅馆；北京中路上的吉日旅馆、八朗学旅馆等；藏医院东路的雪域饭店紧邻大昭寺广场，离八廓街很近。

这里推荐一下拉萨河边的仙足岛小区，离太阳岛仅一桥之隔，这里聚集着许多价格实惠而个性十足的家庭旅馆，离布达拉宫和大昭寺仅十来分钟车程，却是个闹中取静的好去处。对于携带昂贵摄影器材的摄影人而言，这里比青年旅馆更可靠。

7.1.3 拉萨交通

从拉萨去各旅游景点，可选择如下交通方式。

● **公交车** 拉萨市内的公交线路主要有101路、102路、103路、104路、105路、106路、107路、108路、109路、111路、96路、97路、98路、99路，票价统一为1元，大多为半小时一班。1路、2路公交车到罗布林卡；3路、4路公交车到哲蚌寺；5路公交车到色拉寺。此外，满街随叫随停的个体中巴和吉普车票价一律2元。

● **出租车** 拉萨出租车的起步价为10元（5公里），5公里外按2元/公里收费，假如你要出城去哲蚌寺或者色拉寺，可以和司机讨价还价，一般不会超过20元。

● **自行车** 如果你想更加灵活、自由地逛拉萨，可以去旅馆租一辆自行车，每天租金大概20元，但需要支付押金。

● **长途客车** 拉萨有北郊客运站和东郊客运站。北郊客运站位于拉萨市扎基路11号，以长途客运为主，有发往那曲、日喀则、山南、阿里、格尔木、香格里拉、仁布、萨迦等地的班车；东郊客运站位于拉萨市江苏东路3号，以短途客运为主，有发往八一镇、当雄、松巴乡、曲水、羊八井、甘丹寺、热振寺、林周县、墨竹工卡、羊卓雍错、桑耶寺等地的班车。

● **包车** 拉萨至格尔木的距离为1165公里，车费为每人两百多元；拉萨至泽当的距离为191公里，车费每人不到50元；拉萨至昌都的距离为1121公里，车费每人约280元；拉萨至成都的距离为2415公里，车费每人约540元；拉萨至日喀则的距离为280公里，车费每人约50～90元；拉萨至樟木的距离为754公里，车费每人约130元；拉萨至江孜的距离为264公里，车费每人约50元。

》》焦　　距：90mm　　光　　圈：F45
快门速度：1/8s　　感 光 度：ISO 100

7.2 拉萨主要景点摄影攻略

日出时布达拉宫的壮丽景色是必拍题材。每天都有大批摄影人提前到达药王山观景台“抢占”拍摄位置。拍摄这幅作品的时间是早上七点十四分，半分钟之前天空还是一片清冽的蓝色，而在拍下这张照片之后，太阳就跳出了地平线，天光大亮，没有了画面中的气氛。促使我在此时按下快门的原因是光线的色彩，暖色调光线充满了整个画面，尤其是当视线顺着路灯延伸至画面右方时，地面反射着一种精致的琥珀色光线，影调范围更加灵动。拍摄时利用 1/6s 的曝光时间使大片的云彩流动起来，增加了视觉冲击力

7.2.1 布达拉宫 · 众神所在

印象 布达拉宫是拉萨的标志性建筑，无论你身处哪个方位，抬头时总能看到金色光芒穿云而来，在藏族群众心中，布达拉宫就是佛祖的福祉庇佑。

这座千年宫殿建立于7世纪吐蕃王朝松赞干布时期，据说是藏王为了迎娶唐朝文成公主入藏而建。布达拉宫以拉萨市中心的玛布日山（红山）山体为基奠，依山势向上收紧，占地总面积为 36 万余平方米，建筑总面积达 13 万余平方米，主楼高 117 米，共 13 层，是当今世界上海拔最高、规模最大的宫堡式建筑群。整个建筑由白宫、红宫和金顶三大建筑单元组成，属于石木结构，用方石垒砌，以木为梁，历代的扩建和维修都巧妙地利用了山形地势，群楼叠砌、迂回而不失恢宏气势。遥遥望去，红、白、金三色形成了鲜明对比，建筑的整体布局协调、完整、和谐，令人叹服。

从五世达赖喇嘛起，西藏重大的宗教、政治仪式都在布达拉宫举行，并且这里供奉着历代达赖喇嘛灵塔，由此布达拉宫成为了过去西藏地方的政治中心和宗教中心。

交通　建议影友可以乘坐出租车从后山到布达拉宫顶部，车费大约10元，然后从顶部走下来。宫殿较高，上下要慢行。

门票　除节假日及重大活动外，布达拉宫的开放时间为9：00—12：00，15：00—17：00，旺季（5月1日至10月31日）门票为200元，淡季（11月1日至4月30日）门票为100元。目前实行预售和限售结合的卖票制度，必须提前一天排队领取购票凭证，然后凭身份证再在布达拉宫正门购票进入。

1. 在布达拉宫拍什么

布达拉宫是西藏最具代表性的藏式古建筑，无论是雄伟壮观的建筑格局，还是巨大的鎏金宝瓶、胜利幢、经幡、摩羯鱼等装饰，在建筑领域上都具有极高的艺术价值，因此每年都吸引着不计其数的摄影人前来拍摄。事实上，布达拉宫的内部足以与气势恢弘的外观媲美，无数精美的壁画形成了一座宏伟的艺术长廊，由于宫殿内部的佛教用品和佛像都属于十分珍贵的文物，极少有人能够进入布达拉宫内部拍摄。因此，我们拍摄的重点大多放在布达拉宫外部的建筑结构上，利用不同天气、不同时间、不同位置和不同拍摄技法来诠释布达拉宫的美丽，呈现一个与众不同的布达拉宫。

>>> 焦　　距：23mm　　光　　圈：F13
快门速度：1/125s　　感 光 度：ISO 100

布达拉宫后面有一个著名的园林宗角禄康，俗称“龙王潭”，此处林默水静，可以拍摄布达拉宫的水中倒影。从这个角度拍摄的布达拉宫高大巍峨，将转经筒和转经者一并摄入画面，不但丰富了画面的构图元素，也使作品具有了宗教意义，强化了画面主题

药王山是拍摄布达拉宫的绝佳位置，这是在药王山三楼的拍摄位置。拍摄时以金顶为前景并对焦，强化了画面的空气透视感

>>> 焦距：40mm 光圈：F10 快门速度：1/1250s 感光度：ISO 200

2. 在什么位置拍摄布达拉宫

● 在布达拉宫广场可以拍摄布达拉宫的"证件照"，识别度极高，绝大多数游客都会选择在这个位置拍纪念照。由于布达拉宫的建筑有着大面积的白色调，因此在白天强光下拍摄时建议要穿色彩艳丽的衣服，以强调布达拉宫的圣洁。利用广角镜头仰拍可以表现布达拉宫的巍峨气势，但要注意上仰角度，以免建筑变形。晚上的布达拉宫广场丝毫不逊色白日里的景色，美丽的音乐喷泉在华灯的映衬下显得格外生动，每逢节庆还会燃起各种颜色的烟花，洁白的布达拉宫就掩映在五颜六色的海洋中，此时除了重点拍摄建筑、烟花、灯光、喷泉外，也可以利用地面上的水迹来拍摄倒影，画面效果同样出众。

>>> 焦距：70mm 光圈：F13 快门速度：3.2s 感光度：ISO 100

2011年7月19日，西藏和平解放六十周年庆祝大会在拉萨隆重举行。藏族群众在白天转神山圣湖，跳藏舞、唱藏戏；晚上在布达拉宫广场还要进行各种庆祝活动，璀璨的烟花和音乐喷泉交相辉映，布达拉宫好像掩映在花丛中的一座古堡。拍摄这幅照片时采用了3.2s的曝光时间，注意一定要使用三脚架以保证画面的清晰度，降低两挡曝光量可以凸显烟花和音乐喷泉的色彩，这对于暗调照片而言是十分重要的

拍摄这幅作品时将近正午，光线十分强烈，幸好空中飘来大团白云，有效地遮挡了光线。在这样的光照条件下，降低0.7EV曝光量丝毫不影响布达拉宫的洁白，而且使藏族女孩的服饰显得更加鲜艳，质感也更好。小光圈的运用使得画面景深很大，同时也能更好地表现人物的生动姿态

● 在布达拉宫广场西侧的药王山，尤其是半山腰的观景台上。这里被摄影爱好者公认为拍摄布达拉宫日出和日落的最佳位置。

不到七点钟，观景台上已经挤满了来自世界各地的摄影人。此时的天空十分戏剧化，朝阳未起，只有一线天光，整个天地沉浸在一种奇异的宝蓝色中。当大家都一味等待天边的曙光时，我发现橘红色的路灯与冷色调的蓝是如此相得益彰，尤其是路面上同时反射着的红光，使这幅暗调作品具有了十分明确的视觉中心。无论是影调还是色彩运用，这幅作品都足以为观者留下深刻的印象

Tips

药王庙，藏语称为"门巴扎仓"，药王山得名于此。药王山东侧有一座造型奇特的洞窟式寺庙，名为帕拉鲁布。这座寺庙有着上千年的悠久历史，至今保存完整，这在拉萨是相当罕见的。石窟近似于长方形，面积约27平方米，内部是一个很窄的转经廊道，中间是一棵石柱。岩壁上有69尊石刻造像，66道两边排列的石刻神像，北面石壁上有松赞干布与文成、尺尊两位公主以及重臣吞米桑布扎、禄东赞的造像。里面采光不好，只有酥油灯照明，如果要前去拍摄，一定要戴着头灯。另外药王山的玛尼石刻水平很高，在整个藏区也有它的独到之处。

药王山山上的石窟经过上千年的风化保留到现在非常难得，极具文物价值和历史价值，是西藏众多寺庙中原始风格最独特的寺庙之一，拍摄时由于空间很小，加上光线较弱，因此需使用三脚架以保证长时间曝光拍摄的画面清晰

>>> 焦　　距：17mm
光　　圈：F4.0
快门速度：3/5s
感 光 度：ISO 200

● 在布达拉宫广场东侧的池塘南边，长有大量的柳树，为了增强画面层次，可以将柳树和水面作为前景。此时适宜用广角镜头甚至超广角镜头，对前景进行艺术夸张表现。

拍摄这幅作品时正处于八月盛夏，各种树木和其他植物生长茂盛，尤其是作为前景的柳树，枝叶过于繁茂，而且与布达拉宫前面的柳树相互呼应。假如追求曝光准确，还原拍摄现场的色彩，那这幅作品将呈现大面积绿色，无法表现布达拉宫的主体地位。大幅度降低曝光后，压暗了前景和布达拉宫前面的杂物，使洁白的布达拉宫成为画面中唯一的高调部分，从而凸显其主体地位

>>> 焦距：65mm　光圈：F32　快门速度：1/60s　感光度：ISO 100

● 在布达拉宫背面的龙王潭公园。这里可以拍摄到布达拉宫背面的倒影，水面上经常会有美丽的鸟鸥掠过，适宜早晨和上午拍摄。

大部分影友在这个位置拍摄时都会偏爱使用广角或者超广角镜头，尤其是拍摄湖中的布达拉宫倒影时。一方面可以利用广角镜头夸张变形的特性去仰拍，布达拉宫建筑就会显得巍峨高大；另一方面也能令建筑和水中的倒影出现在同一画面中，打造一种超现实梦幻的情境。拍摄这幅作品时并未刻意等到风平浪静时，也未使用偏振镜去消除水面的反光，因此布达拉宫在水中的倒影看起来并非完全镜像，而是随着水波一起流动，这就打破了二分之一构图法的死板和中规中矩，使画面的气氛灵动起来

焦　　距：24mm
光　　圈：F13
快门速度：1/200s
感 光 度：ISO 100

焦距：200mm 光圈：F6.3 快门速度：1/800s 感光度：ISO 100

这幅作品采用了散点式构图，形成了疏密有序的画面效果，同时利用动静对比增加了画面的视觉差异，使其趣味性十足。拍摄时可以将对焦模式调整到连续自动对焦，采用高速连拍快门释放模式可以定格飞鸟的每个精彩瞬间，调高感光度可以获得尽可能高的快门速度。在构图时要在飞鸟的前方或上方留下足够的空间，一方面可以突出主体，另一方面也使画面更有意境，结构张弛有度

● 想要拍摄布达拉宫的全景，可以在北京东路上的下密寺顶的平台、朵桑格路上的平措康桑青年旅舍楼顶、大昭寺的金顶等地，登高望远，利用长焦镜头拍摄。

● 用长焦拍摄布达拉宫的另一个好去处位于拉萨河对面的半山坡，从这里拍摄，可以将一座大山拍成布达拉宫的背景。

3. 拍摄布达拉宫的黄金时间

布达拉宫坐北朝南，如果要在布达拉宫广场拍摄正面照留作纪念的话，建议最好在上午9~10点或下午5~6点去拍布达拉宫，此时的光线方向和角度最佳；在其他位置拍摄布达拉宫可以选择日出时刻，这是出作品的好时机；下午可以在顺光下或晚霞中拍到以白塔作为前景的布达拉宫。

相对自然景观而言，布达拉宫的四季变化不大，但春秋季节空气通透，天空湛蓝，与冬季相比容易出好作品，但冬雪放晴时布达拉宫宛若缥缈仙境，如有机会前往一定不要错过拍摄时机。

7.2.2 大昭寺·千里之外的膜拜

印象 大昭寺位于拉萨老城区的正中位置，当年，藏王松赞干布为纪念尺尊公主入藏修建了大昭寺，距今已有1350多年的历史，后经历代修缮扩建，形成了庞大的建筑群，是西藏现存最完整、最辉煌的吐蕃时期建筑，也是西藏现存最古老的土木结构建筑，在藏族人心中拥有极其崇高的地位，和布达拉宫不相上下。

大昭寺共有4层，是典型的藏式宗教建筑。释迦牟尼12岁等身佛像是当年文成公主从长安带来的，供奉在大殿正中，松赞干布、文成公主、尺尊公主等塑像在两侧配殿供奉。藏式壁画文成公主进藏图和大昭寺修建图就在寺内，长达千米。此外明朝时期的刺绣护法神唐卡也供奉于此，一共两件。这是藏传佛教格鲁派供奉的密宗之佛中的两尊，是无法估价的珍宝。

作为拉萨城中最具代表性的藏式古建筑之一，大昭寺每天都会迎来无数旅游者和信徒，俗话说"没有去过大昭寺就等于没有去过拉萨"，可见大昭寺在藏传佛教中的地位之高。从晨曦到傍晚，从朝阳到晚霞，虔诚的信徒们在转经道上磕着等身长头，阳光下，他们手中的金色转经筒飞速旋转，在虚空中迸出金色星芒，与布达拉宫的鎏金屋顶遥遥呼应，"穷尽心力也要来一次大昭寺"，这是多少信徒的毕生梦想。

交通 如果在拉萨市内住宿，可以步行前往大昭寺，或者乘坐公交车在藏医院路下车，然后步行至大昭寺广场。从市内乘坐出租车到大昭寺，车费为10元左右；如果乘坐三轮车的话，车费只需4元。

门票 大昭寺的门票旺季和淡季差别很大，旺季（4月21日至10月19日）门票为85元，而淡季（10月20日至次年4月20日）门票只需50元，开放时间为07：00—12：00和15：00—18：30。此外，门票只限当日可以进入，如果在寺内大殿拍摄的话，需要购买一张摄影许可证，花费90元。

1. 在大昭寺拍什么

大昭寺是西藏的著名人文景观，寺内建筑极具特色，金光闪闪的鎏金屋顶、法轮、金顶铜雕是摄影人最爱的构图元素，除了表现自身的建筑艺术特色外，也常被作为前景，为远处的布达拉宫增加景深。在征得寺内喇嘛同意后，可以拍摄寺内的佛像、雕塑、壁画等珍贵文物。大昭寺广场上每天都有不远万里而来的佛教信徒，磕长头的信徒已经将大昭寺主殿门口的石板磨得光亮，与大昭寺悠久的历史文化相结合，这些都是十分优秀的人文题材。另外，每年藏

>>> 焦距：80mm 光圈：F11 快门速度：1/60s 感光度：ISO 100

在拍摄大昭寺金顶时，采用侧光拍摄可使金顶的色彩饱和度较高，蓝天、白云、金顶、红墙之间的对比强烈而又和谐，胜利幢和法轮在光线的照耀下反射着金属独有的光泽，质感细腻。远景中的雪山交代了拍摄地域的特征，雪山峰顶的云彩与画面上半部分的云彩相呼应，令整个画面结构层次分明，空间距离感也很强

历正月初五至二十六日大昭寺会举行隆重的传昭大法会，场面颇为壮观，是拍摄宗教题材的好时机。

>>> 焦距：80mm 光圈：F11 快门速度：1/60s 感光度：ISO 100

佛界以象喻佛，而中国人以龙为图腾，因此当佛教传入西藏后便衍生了象鼻龙这种特殊的佛教神兽，将本来佛法无比的代表性动物进一步神化。采用对角线构图拍摄大昭寺金顶铜雕，可以增加画面的动感，构图时要在象鼻龙首的前方留下空白，令昂首向苍天的龙有“呼吸”空间

>>> 焦距：17mm 光圈：F11 快门速度：1/250s 感光度：ISO 100

采用逆光拍摄大昭寺金顶上的双鹿法轮，可充分表现藏传佛教的建筑风格和宗教的神秘感，剪影可使照片具有很强的艺术表现力，尤其是轮廓美。在拍摄这幅作品时，测光是个技术难点，当对准太阳方向、大量光线进入镜头时，相机就会找不到焦点，导致无法合焦、按不下快门的情况常常发生，此时应该选择对白云测光，并在此基础上适当减少曝光补偿以获得剪影效果

焦距：80mm　光圈：F16　快门速度：1/125s　感光度：ISO 100

大昭寺主寺金顶下的黑白二色幔布是藏族聚居区寺庙独有的牦牛毛织品，有着深刻的宗教寓意。拍摄时故意压暗前景，使杂乱无章的元素呈现为剪影效果，令画面中的前、中、远景层次分明；中景的金顶和幔布成为唯一的兴趣中心，主体明确；远景的云彩起到了烘托气氛的作用，整幅作品表现了大昭寺建筑的辉煌气势

焦距：17mm　光圈：F11　快门速度：1//320s　感光度：ISO 100

在晴天万里的时候，拍摄大昭寺主寺金顶的特写和近景都能获得较好的画面效果，而远景画面则会显得画面结构松散，上半部分缺少构图元素。因此，将彩色的经幡作为前景，一方面使地域指向性更加明确，另一方面也为画面增加了色彩和层次，利用空间距离感突出表现大昭寺建筑庞大、壮观的气势

在拍摄大昭寺转经道时，使用广角镜头获得了适度夸张的成像效果，增强了画面的空间纵深感，同时利用前景中另一幢建筑的阴影来表现大昭寺的壮观气势

这幅作品的亮点在于巧妙地利用地面的影子为被摄主体营造了一个“莫须有”的前景。这个前景框架具有极强的形式感和视觉冲击力，其压暗了前景中杂乱的建筑细节，使色彩艳丽的被摄主体处于十分醒目的位置

采用低机位仰拍这张藏族老人的照片时，大胆地运用了人像摄影最为忌讳的顶光，在被摄者的眼窝、两颊和下颌留下了浓重的阴影，额头、颧骨、鼻尖是高亮部位，明暗反差强烈，使被摄者面部表情和皱纹得到了较好的刻画和呈现，不但给人留下深刻的印象，而且还耐人寻味。服饰的颜色、质感和褶皱还原准确，立体感较好，手中旋转着的转经筒有效地点明了拍摄立意，同时利用人像奇特的视觉感受烘托藏传佛教的神秘

古往今来，有无数虔诚的信徒来到大昭寺转庙祈祷幸福安康，粗糙的墙面和木柱使画面充满了沉重的历史感。使用广角镜头拍摄增强了画面的空间纵深感，配合阴天毫无生机的灰色天空，使空旷的画面呈现一种沧桑感。远景中的僧侣强化了画面的临场感，容易形成精神共鸣

>>> 焦　　距：50mm
光　　圈：F8
快门速度：8s
感 光 度：ISO 100

强巴佛是西藏各大寺院供奉的主佛之一。拍摄佛像的重点不是追求艺术效果，而是纪实性，它们的价值就在于世人无法复制。拍摄时应尽量避开顶灯，交代佛像及佛座的环境和佛像上的神来之光，以佛像亮部为测光基准，将暗部的细节凸现出来，有利于突出佛像的质感、色泽以及佛座的雕饰细节，低机位仰拍则使佛像显得高大威严

>>> 焦　　距：19mm
光　　圈：F4.0
快门速度：1/10s
感 光 度：ISO 200

大昭寺的壁画历史悠久，可以追溯至吐蕃早期，描绘的内容多数为佛教题材，手法细腻高超，艺术价值极高。在寺庙内拍摄佛像和壁画必须征得喇嘛的同意，而且拍摄时千万不能为了追求画面效果而使用闪光灯，高强度的反复照射容易导致彩漆褪色、脱落。尽量使用平行机位拍摄，这样可准确还原画面，光线较暗时可以使用三脚架长时间曝光拍摄，如果条件不允许则可以适当提高 ISO 感光度

2. 在什么位置拍摄大昭寺

● 在大昭寺内和大昭寺广场上都可以拍摄前来朝拜的信徒，他们磕等身长头、手摇转经筒以祈祷安康，此时拍摄的重点是捕捉他们的神态，使用大光圈长焦镜头是不错的选择，推荐大家使用70-200mm或100-400mm镜头，这些镜头的性价比极高。这类拍摄素材可以处理成黑白照片，以更加凸显纪实意义和视觉张力，拍摄时要利用明暗色调的对比和虚实变化来塑造画面的层次。

采用平视角度拍摄藏族老阿妈，给观者以亲切感。运用侧光可将被摄者的面部特征和神态完整地表现出来；如果使用强烈的顺光，则可能无法获得这种平和的画面效果

››› 焦　　距：200mm　光　　圈：F2.8
快门速度：1/800s　感 光 度：ISO 100

››› 焦　　距：24mm　光　　圈：F5.0
快门速度：1/50s　感 光 度：ISO 200

这是大昭寺广场上磕等身长头的信徒，他们三步一叩首，时刻向佛祷告。低机位仰拍将地面上其他无关因素全部排除，令被摄者充满画面，可起到夸张人像高度的作用。拍摄重点是捕捉被摄者的神态和动态，由此让人们了解藏族群众对佛教信仰的虔诚

● 大昭寺门前有数排酥油灯，终年不灭。酥油灯使场景充满了十分厚重的宗教气氛，在这里可以拍摄酥油灯的特写，也可以抓拍藏族群众添加酥油灯的场面。在曝光时应在平均测光的基础上再降低 0.7~1EV 曝光量，切忌过曝。

藏传佛教将酥油灯视为精神之灯，经书上说点燃酥油灯可以使火的慧光永不受阻，使人懂得善与非善。每天都有许多信徒前来敬奉酥油，这就是信仰的力量。拍摄时以酥油灯的光源部分为测光基准，并在此基础上做负向曝光补偿，避免高光溢出而破坏画面静谧、庄重的气氛

››› 焦　　距：17mm
光　　圈：F5.6
快门速度：1/30s
感 光 度：ISO 100

● 游览正殿以后可以随着参观人流和信徒开始绕殿一周，这一圈共有 380 个金色经筒，可以选择合适的光线来抓拍转经者的神态，也可以用慢速快门记录经筒的动感，构图要讲究动静、虚实的结合。

››› 焦距：19mm 光圈：F14 快门速度：1/250s 感光度：ISO 200

采用侧三角形构图方式拍摄大昭寺转经筒阵，在视觉上形成了一种不稳定的动态感，近大远小的转经筒预示着信仰无限延伸，画面的空间纵深感极强。运用侧光使转经筒的质感、色泽和细节得以完美呈现，藏族老阿妈的转经为这幅作品增加了许多人文韵味

● 从侧门售票处的楼梯口可以爬上二楼和三楼的平台，这里可以拍摄大昭寺的金顶，或俯拍大昭寺广场或喇嘛辩经。如果赶在藏历初一或十五，桑烟袅袅升起，远处的布达拉宫如同置于云端，可以将大昭寺金顶作为前景进行拍摄，运用早晨的侧顺光拍摄的效果最佳。

大昭寺广场。运用逆光拍摄，将前来大昭寺朝拜、转经、参观的人群处理为剪影效果，这样做避免了画面杂乱、主体不明的情况。在这种光比较大的拍摄环境中，选择测光点时一定要精心考量，若选择太阳、蓝天或地面反光等高亮部位作为测光点，整个画面将死黑一片，细节层次丢失严重，而选择暗部作为测光点又会令画面曝光过度，造成画面影调单一，因此要寻找18%灰度的元素——云彩作为测光点

>>> 焦距：50mm　光圈：F16　快门速度：1/250s　感光度：ISO 100

辩经是西藏三大寺庙佛学的最大特色，是喇嘛们攻读显宗圣典的必经方式，常在寺院中的空旷场地或树荫下进行。辩经主要分为对辩和立宗辩两种方式，“对辩”是指二人之间的辩问，“立宗辩”是指不限制人数的辩问。此图是大昭寺喇嘛进行立宗辩的场面，在辩经过程中，问难者可以高声怪叫、来回踱步、舞动手中的念珠或做出各种奚落对方的姿势动作，因此，拍摄辩经场面的重点在于捕捉喇嘛的身体姿态和面部表情，纪实性较强

大昭寺在藏传佛教中拥有着至高无上的地位，历史悠久，宗教文化底蕴深厚，因此，除了典型场景的拍摄之外，建议影友和旅行者放慢匆匆离去的脚步，怀着一颗敬畏的心去感受大昭寺，你会意外地发现大昭寺有永远拍不完的素材。

在拍摄大昭寺的飞檐时，采用仰拍角度截取了建筑的某个特色部分——极具藏传佛教风格的雕梁画栋和神兽。在打破常规视角的同时，大胆地将拍摄主体安排在竖幅画面的中间位置，并让其占据画面将近三分之二的面积，目的就是突出表现飞檐线条的节奏美，对称构图成功地夸大了这种艺术效果，视觉冲击力强，也增加了画面结构的稳定性

焦　距：28mm　光　圈：F7.1
快门速度：1/100s　感光度：ISO 200

在拍摄大昭寺佛像时，应对佛像面部的高光部位测光，根据拍摄现场光线的强度适当增加曝光量，可使佛像的色彩鲜艳、亮丽，面部神情生动，棋盘格式构图使整个画面结构稳定而统一，突出表现了佛像的庄重之感

在拍摄神兽时，要有意识地压暗拍摄主体以外的部分，测光时以拍摄主体的亮部为基准，将画面处理为低调作品，唯一的亮部就是形态生动的神兽

焦距：80mm 光圈：f11 快门速度：1/250s 感光度：ISO 100

拍摄时采用不规则构图方式，画面左边的屋檐与右边的墙体均呈90°直角，在抽象的不规则画面中又存在这种理性的关联，使画面更具视觉美感。在测光时对准蓝天中的白云测光，通过减少曝光补偿来压暗一左一右建筑的细节，同时使色彩更加饱和，以突出主体。神兽作为兴趣中心，此时它的朝向正对着天空中那片云彩，实现了情感上的呼应关系，体现了作品更深层次的内涵和表达意愿

3. 拍摄大昭寺的黄金时间

大昭寺，一年四季都可以参观游览，五月至十月为最佳季节，但对于摄影人来讲，不管何时只要到拉萨，必进大昭寺，上下午都可进行创作。

大昭寺的建筑格局是坐东朝西，由于大殿和正门朝向的关系，上午是拍摄金顶、寺内建筑和人文题材的好时段，大昭寺正门则一片阴暗，不宜在上午时段拍摄。要想拍摄大昭寺的正门外景，下午的光线才是顺光，有利于刻画转经者的神态。在日落前后的 1 小时内光线更具有造型张力，在大昭寺广场上拍摄建筑或者转经者都能获得十分理想的艺术效果，更能烘托藏传佛教的神秘感。夏季的日落时间为 20 点 30 分左右。

7.2.3 哲蚌寺·雪顿节晒大佛

印象 哲蚌寺坐落于拉萨市西郊，是藏传佛教最大的寺庙。哲蚌寺整个寺院规模宏大，建筑结构严谨，群楼叠砌，每个建筑单位基本上分为落院、经堂和佛殿三个部分，从大门到佛殿逐层升高，凸显佛殿的尊贵地位。整座寺院主要由措钦大殿、四大扎仓和甘丹颇章几部分组成。哲蚌，藏语意为“雪白的大米高高堆聚”，象征繁荣。远看哲蚌寺，白色建筑群依山而建，远望刚好像巨大的米堆。它是格鲁派中地位最高的寺院。

无论是建筑还是宗教民俗，哲蚌寺都极具价值和代表性。在大型佛教纪念日或者是藏历每月的望晦日（十五日、三十日）等吉日的时候，哲蚌寺都要举行相应法事。其中以藏历六月三十日的雪顿节最为隆重，内容丰富多彩，规模盛大宏伟，这不仅是宗教活动，也结合了娱乐活动，这也是哲蚌寺一年中最大的看点。在藏语中，“雪”是酸奶子的意思，“顿”是宴的意思，所以雪顿节就是吃酸奶子的节日。在这天，围绕着哲蚌寺，在早上就将巨幅佛像唐卡画展示出来，接着举行藏戏会演、过林卡等，僧俗同乐。

交通 从市内乘出租车可以到达哲蚌寺所在地——根培乌孜山的山顶，费用大约为 20 元；也可坐公交 3 路、4 路到达山脚，再耗费半小时左右步行上山。哲蚌寺建在沙石滩上，即使可以乘车上山，但参观完后还是要自己步行下山，因此建议旅客穿一双舒适的登山鞋。

门票 旺季为 55 元 / 人，淡季为 25/ 人，藏族群众免费。开放时间为 9 ： 00—17 ： 00，下午大部分佛殿都不开门。 哲蚌寺每天有两次辩经时间，分别是 14 ： 30—16 ： 30 和 20 ： 00—22 ： 00，有兴趣的旅游者可以参观。

这幅作品的构图十分精妙，漫山遍野的信徒和游客占据了画面的绝大部分，为了避免杂乱，拍摄时有意在前景中安排了人物以增强画面的纵深感，压暗曝光不仅使巨幅唐卡的色彩还原准确，而且也突出了缭绕在山间的袅袅桑烟，画面的宗教氛围十分浓厚，主题表达格外鲜明

焦距：90mm 光圈：F45 快门速度：1/8s 感光度：ISO100

1. 在哲蚌寺拍什么

除了在藏传佛教中占有举足轻重的地位之外，哲蚌寺最为著名的便是一年一度的雪顿节晒大佛了，因此在哲蚌寺最重要的拍摄内容就是晒大佛。拍摄晒大佛仪式一般分为两种画面，一种是以巨幅唐卡为被摄主体，此时用广角镜头来表现会增加佛像的恢宏气势，观佛的信徒则渺小如蚁，相比之下更能彰显信仰的神圣庄严，表现精神意境；另一种就是以巨幅唐卡为背景，将其当作交代其他事件的标志，例如把藏戏表演、朝拜的信徒或巨大玛尼石作为前景，有助于增强画面的辨识度和现场感。可用大光圈获得大景深，通过虚化唐卡来着重表现前景中的对象。

››› 焦　　距：16mm　　光　　圈：F13
快门速度：1/200s　　感 光 度：ISO 100

利用广角镜头贴近拍摄巨幅唐卡，仰拍视角使佛像看起来异常高大，提升了被摄主体的庄严气势，画面主体地位突出，边缘处的红衣喇嘛增强了作品的人文气息

››› 焦　　距：17mm　　光　　圈：F14
快门速度：1/40s　　感 光 度：ISO 100

从构图上来说，这幅作品以巨幅唐卡为背景，处于画面三分之一位置的红衣喇嘛将整个画面分为两大部分，其中作为前景的藏舞表演部分占据了画面的三分之二面积，通过画面层次强调了被摄主体。另外，在实际拍摄时选择了1/40s的曝光时间，使藏舞表演者的服饰呈现出动感，从而与其他构图元素形成虚实对比，画面气氛很活跃

Tips

唐卡是极富藏族文化特征的一个画种，又叫唐嘎或唐喀，是刺绣或绘制在布、绸或纸上的彩色卷轴画。唐卡题材广泛，宗教、历史、民俗、历法、医药等领域都有涉及，传世唐卡大都是藏传佛教和苯教作品，最常见的就是佛像。唐卡画法主要以工笔重彩和白描为主。从矿物质和植物中提取出颜料，再按配方加上其他的一些物质，例如动物胶、牛胆汁等，这样绘制的唐卡色彩鲜艳、千年不变，这也和西藏地区的高原气候有关。

2. 在什么位置拍摄哲蚌寺

● 哲蚌寺西的晒佛台是晒大佛景象的最佳拍摄位置，在这里可以将蚁潮般的朝圣者与唐卡一并摄入画面。

››› 焦　　距：60mm
光　　圈：F8.0
快门速度：1/180s
感 光 度：ISO 100

在这个位置拍摄时要对准唐卡进 行测光，可以适当增加0.5EV的曝光补偿，保证色彩准确还原。作品的现场感很强，画面主题突出

● 晒佛台上面两点钟方向有块岩石，在这里可拍到唐卡的侧面全景和唐卡下面的众多信徒。

››› 焦　　距：16mm
光　　圈：F11
快门速度：1/320s
感 光 度：ISO 100

侧面拍摄唐卡时无法像正面取景那样能够准确地表现佛像的质感和细节，但这个视角拍摄的作品会给观者留下一种独特的视觉感受。画面纵深感极强，唐卡下面信徒的虔诚神态展露无遗，构图完整而和谐，着重表现了佛教信徒和游客们对信仰的敬重和膜拜

● 晒佛现场人潮涌动，不建议为了追求各种拍摄角度而四处奔波，不但容易引起高原反应，造成身体不适而影响发挥，还会错失最佳的拍摄时机，这样做是得不偿失的，最好选择固定的一高一低两个视角。

3. 拍摄哲蚌寺的黄金时间

与其他人文景观一样，哲蚌寺建筑的拍摄不存在季节和时间的限制，拍摄晒大佛仪式则要早做准备。在雪顿节到来的前一天晚上，大批信徒和游客们会在晨曦尚未到来前就涌向哲蚌寺的山上，因此，要想占据较好的拍摄位置，应该赶在他们之前就早早到达目的地。清晨是拍摄晒大佛的好时机，此时是仪式开始的时间，群情激昂，更适合表现信徒们的神态，而且太阳角度较低，燃起的桑烟和雾气不会很快消散，有利于烘托气氛。

7.2.4 罗布林卡——拉萨的颐和园

印象　罗布林卡位于拉萨西郊，俗称“拉萨的颐和园”，占地36万平方米，园内栽种着大量花草树木，宫殿、别墅、水榭、凉亭等各式建筑鳞次栉比，泉水清澈，风景秀美，是西藏人造园林中规模最大、风景最佳、古迹最多的园林，由格桑颇章、金色颇章、达旦明文颇章等几组宫殿建筑组成。
雪顿节这天是罗布林卡一年中最热闹的时候，全藏各地的藏戏流派都会来到这里举行盛大的表演，拉萨城中男女老少，举家前往罗布林卡，支起帐篷，摆上美酒，载歌载舞，欢庆时间长达一周。

交通　从拉萨市内乘坐公交1路、2路即可到达罗布林卡。

门票　旺季为80元/人，淡季为60元/人，开放时间为9：00—18：00（周一至周六）。

>>> 焦距：17mm 光圈：F7.1 快门速度：1/250s 感光度：ISO 200

罗布林卡绿树成荫，拍摄时有意减少曝光量，提高了画面的色彩饱和度。逆光使树干和枝叶形成了剪影效果，造型效果突出，同时也夸大了画面的明暗反差

1. 在罗布林卡拍什么

罗布林卡一带原本是拉萨河的老河道流经的地方，后经历代改建、扩建形成了现在的园林建筑风格，春夏之际草长莺飞，清澈的水池中倒映着罗布林卡的亭台楼阁，风光秀美。除此之外，罗布林卡的藏戏表演是拉萨全年藏戏表演中内容最丰富、质量最高、演出阵容最强大的演出，因此，拍摄罗布林卡时必拍藏戏。

焦距：37mm 光圈：F7.1 快门速度：1/200s 感光度：ISO 200

罗布林卡的亭楼倒映在湖水中，波心荡漾，光影虚幻。此时宜用广角镜头对倒影进行夸张表现，使用PL偏振镜可以消除水面的杂乱反光，湖面的静谧很好地衬托出了倒影的漂渺

焦距：17mm 光圈：F6.3 快门速度：1/3200s 感光度：ISO 160

拍摄这幅作品时光线十分强烈，建筑屋檐的暗部细节被遮掩，利用明暗对比突出了鎏金金顶的辉煌气势。在构图时，有意将圆形水池置于画面中央，利用圆形形状的特点去聚焦观者的视线，为画面营造了规正的秩序感，避免画面显得杂乱。在光比较大的情况下，使用了较高的快门速度，一方面可避免亮部过曝，另一方面也使喷泉的水柱在半空中定格，为作品增加了动感

>>> 焦距：40mm 光圈：F4.0 快门速度：1/640s 感光度：ISO 800

这幅作品利用框式构图引导了观者的视线，画面的空间纵深感极强。整个画面的亮点在于色彩的运用，通过明暗对比和前景的门扣来突出色彩鲜艳的中景，强烈的冷暖对比使画面具有很强的视觉冲击力，同时也表现了屋檐和布幔所形成的节奏感，使观者的视线得到了进一步延伸，从而突出主体

>>> 焦距：200mm 光圈：F5.6 快门速度：1/180s 感光度：ISO-100

采用对角线构图避免了画面的格局显得呆板，藏戏表演者的服装色彩鲜亮而特征明显，与观看的藏族群众完全不同，从而将主体衬托得更加突出。构图时将现场的观众一并摄入画面，不仅可以增强画面气氛，也能增强观者的临场感

2. 拍摄罗布林卡的黄金时间

在雪顿节期间，罗布林卡的藏戏表演会从早上一直演到下午五点，建议拍摄时间尽量选在上午 10 点左右，以避免正午时分的顶光在所有人的面部留下浓重的阴影，而且由于此时气温较高，人物的面部表情较为拘谨，不利于表现主题。

7.2.5 甘丹寺——格鲁派祖寺

印象　甘丹寺是由佛教格鲁派的创始人宗喀巴于 1409 年亲自筹建的，与哲蚌寺、色拉寺合称为“拉萨三大寺”，是黄教六大寺中地位最特殊的一座寺庙，它在拉萨达孜县境内拉萨河南岸海拔 3800 米的旺波日山上，距离拉萨城 57 公里。在黄教的六大寺庙中，只有甘丹寺是宗喀巴本人亲自筹建的，而哲蚌寺、色拉寺、扎什伦布寺等则由他的弟子修建而成，因此，甘丹寺才是名正言顺的格鲁派祖寺。

甘丹寺中藏有大量的珍贵文物。1757 年乾隆皇帝赐予该寺镶满金银珠宝、书有汉回蒙藏四种文字的盔甲。明朝永乐皇帝赠赐了甘丹寺独有的艺术珍品锦缎绣塘，共有释迦牟尼佛、十八罗汉、四大天王等精制的锦缎 24 幅。这些绣像在每年元月都要展示三周，这就是该寺一年一度规模盛大的“甘丹绣唐节”。

这是甘丹寺全景，建筑风格极具特色，层次分明。拍摄时应该注意使水平线保持水平状态，以更好地表现寺庙宫殿的端正、庄严。适当增加曝光量可以使洁白的墙体显得更加突出，增加宗教的神圣感

交通　甘丹寺距离拉萨较远，大约需要 2 小时的车程。在此地参观和拍摄一般需要用 3~4 小时的时间，再加上乘车返回拉萨的时间，因此去甘丹寺通常需要单独安排一整天的时间。若赶上雪顿节晒佛仪式，可能会花更长的时间逗留。平时可以乘中巴车前往，雪顿节期间可包车或自驾前往。如果是自驾车经川藏线进出西藏，可以将甘丹寺列入拉萨——林芝的拍摄行程中。

门票　甘丹寺门票为 45/ 人，藏族人免费。

1. 在甘丹寺拍什么

在建筑风格上，甘丹寺沿袭着藏传佛教寺庙典型的倚山而建风格，建筑格局紧凑而不逼仄，层次感很强。在拍摄时建议使用侧光，以增强建筑本身的纹理质感，较多的阴影也有利于烘托寺院的气势。

焦距：17mm 光圈：F8.0 快门速度：1/6400s 感光度：ISO 400

拍摄时利用广角镜头将甘丹寺的所有建筑一并摄入画面，以增强作品的气势。在构图时有意将大片阴影作为前景，一方面可增加画面的明暗对比，凸显甘丹寺的圣洁，另一方面也丰富了画面细节，令人印象深刻

焦　　距：17mm
光　　圈：F4.0
快门速度：1/125s
感 光 度：ISO 1000

在寺庙宫殿里面拍摄佛像和壁画时，尽可能不要使用闪光灯，闪光灯有可能破坏文物自身的色彩，如果经过沟通允许使用闪光灯的话，推荐使用外接闪光灯，以保证获得较好的拍摄效果。由于室内的自然光线较弱，因此在拍摄时采用长时间曝光以及大光圈和高感光度的合理配置都可以提高画面的清晰度和亮度，增加色彩饱和度。曝光时要针对佛像面部进行测光，根据现场情况适当增减曝光量，以更好地凸显佛像的端正、庄严

>>> 焦　　距：17mm
光　　圈：F4
快门速度：1/2s
感 光 度：ISO 100

拍摄的甘丹寺经院内景。僧人们每天都要在这里进行长时间的打坐诵经，两排坐具形成的线条使画面具有强烈的纵深感。使用大光圈、长时间曝光拍摄时一定要使用三脚架，以提高画面的清晰度

2. 拍摄甘丹寺的黄金时间

每年雪顿节期间，甘丹寺也会举行展佛仪式，唐卡制作十分精美，建议选择夏季前去拍摄。由于甘丹寺不在拉萨市区，因此在路途上会花费较多时间，赶不上一早一晚的绝佳光线实属正常，拍摄时应尽量选择较为合适的自然光。

7.2.6 八廓街·市井拉萨

印象 都说布达拉宫是拉萨的身躯，而八廓街是拉萨的灵魂。它不但是拉萨著名的三条转经道线路之一，如今还是拉萨最繁华的商业街，可以说是拉萨乃至整个藏族聚居区人文景观的缩影。

八廓街上白墙黑窗的藏式民居如同一幅千年画卷，有着历史的厚重感，偏偏窄窄的小街两旁又有许多商铺、摊位鳞次栉比，在游客眼中到处都洋溢着一种迷人的异域风情，有唐卡、铜佛、转经筒、酥油灯、经幡旗、念珠、贡香、松柏枝等宗教用品，也有卡垫、皮囊、鼻烟壶、木碗、风干肉等人间烟火的必需品。这片老街的魅力之处在于你永远不知道自己下一秒会收获什么，也许是一件称心的藏服，也许是一串美丽的绿松石项链，男同胞往往会对那些做工精良的藏刀情有独钟，别犹豫，这绝对是集艺术和实用价值于一身的好物件。

八廓街东南拐角的那座土黄色小楼就是大名鼎鼎的玛吉阿米餐厅，据传是六世达赖喇嘛仓央嘉措和情人幽会的地方，那位美丽的姑娘就叫“玛吉阿米”。这家餐厅风味独特，现在已经越来越西化了，价格较贵，但一些特色菜值得品尝。玛吉阿米的艺术氛围非常浓厚，店里的墙壁上到处都是各种绘画、摄影作品，架子上陈列着各种手工艺品、古董器物，书架上还有各大文学大师的书籍。另外，在楼顶还可以俯瞰八廓街，可在这里拍摄街景。

和八廓街同样知名的还有藏医院路和小昭寺路，这几条街相距不远，你完全可以拎一台相机，揣上百十来块钱在街上逛一下午，累了、倦了就到路边的咖啡馆喝杯咖啡，或者到甜茶馆喝喝下午茶，在暖暖的午后阳光中为远在城市的老友寄去一张明信片，雪域天堂的美好绝对会让你流连忘返。

焦距：19mm 光圈：F11 快门速度：1/100s 感光度：ISO 200

这就是著名的玛吉阿米餐厅。拍摄这幅作品时光线不佳、天空灰蒙蒙一片，玛吉阿米的鲜艳外墙正好缓解了沉闷、压抑的气氛。利用广角镜头夸张变形的特性，使玛吉阿米餐厅的轮廓更加流畅，改变了建筑给人中规中矩的感觉。在构图时，有意将几位戴着冷色调头巾的藏族人摄入画面，与玛吉阿米的暖色调装饰形成冷暖色调的对比，从而获得更好的画面效果

焦距：70mm 光圈：F10 快门速度：1/125s 感光度：ISO 200

这幅作品利用大昭寺广场上的盆景增加了画面的空间感，S形曲线引导观者的视线通向大昭寺，构图饱满而层次分明

八廓街上的小摊随处可以看到这种藏式风格明显的手工艺品。这幅作品的构图是十分典型的散点式构图，因此，在选择主体时要从色彩、形态或质感上区别于其他构图元素，使其成为画面的趣味点。利用大光圈拍摄可以强化被摄体的质感，整个画面冷暖色调交织，效果突出

交通　八廓街就是拉萨的市中心，如果住在老城区的话，步行即可前往，需要从北京东路或者大昭寺广场进入。另外，乘坐103路、105路、109路等公交车在冲赛康站下车，向南即可到达八廓街。在转八廓街时一定要按照顺时针方向，这是藏传佛教的宗教传统，应该给予充分的尊重。

门票　八廓街全天开放，无门票限制。

1. 在八廓街拍什么

在八廓街可拍摄的内容以藏族群众的生活为主，这里有丰富多彩的人文题材，包括藏式民居、转经者、藏服藏饰和藏刀等手工制品。由于地处集市，八廓街内环境繁杂，背景拥挤，因此在选择拍摄内容时应该以简洁为主，构图元素越简单，越有利于拍摄主题的表达。

Tips

选购商品时千万别相信“传家宝”、“真品”之类的常用推销用语，而应该大胆杀价，起码杀至摊主开价的一半，这个时候千万不要腼腆，这也是旅行中的一种乐趣。

2. 在什么位置拍摄八廓街

● 八廓街集中着各种特色人群，有传统的藏族转经人、从内陆地区来的旅游者、外国游客以及街道两边的各种商贩，在欣赏风景的同时，他们无疑也成为一道风景。

在集市中拍摄人物时，为了使画面更简洁，从而突出被摄主体，可以采用长焦镜头，并且开大光圈虚化其他路人。另外，在征得被摄者同意之后，可以尽量离他们近一些，并及时调整曝光参数，这样拍出的画面现场感会更好。

焦距：16mm 光圈：F16 快门速度：/60s 感光度：ISO 100 拍摄地点：大昭寺

大昭寺门口每天都有无数信徒前来朝拜，拍摄时使用广角镜头向上仰拍，可使建筑得到夸张而凸显气势。天空作为画面的背景，使构图元素过多的前景和中景得到平衡

焦距：145mm 光圈：F6.3 快门速度：1/640s 感光度：ISO 100

拍摄这幅作品时，太阳角度较高，光线方向为顶光，因此被摄对象几乎没有阴影，然而顶光却强化了它的表面质感。在选择拍摄对象时，无论是形态、色彩还是排列方式，被摄主体都有异于画面中其他元素，这有利于拍摄主题的表达，也是在集市中拍摄的一个小窍门

>>> 焦距：24mm 光圈：F5.0 快门速度：1/30s 感光度：ISO 200

拍摄这幅作品时已经是晚上八点，因此光照条件并不理想，此时将画面处理成黑白效果是个好办法，不但可以避免光照不足而导致的色彩饱和问题，也可以更好地体现作品的人文情怀。拍摄时采用1/30秒曝光时间和F5光圈保证了镜头的进光量，同时也将背景中的一部分路人虚化，虚实对比使画面更显生动，也在情感层面上表达了信仰的坚定

● 八廓街有许多露天茶馆，可以在二楼俯拍藏式民居或者行人。在构图时以化繁为简的原则，不要贪图全景，而应提取建筑细节或表现当地特色民居的局部特征。

● 在八廓街沿街的小摊或店内，有许多藏族手工制品具有很高的拍摄价值，除了擦擦、藏饰、藏刀等小型制品外，店内还有制作精美的酥油花、唐卡等物品。有些寺庙内部明确规定严禁摄影，如果想要拍摄此类题材，只能与店主商议后再进行拍摄。

由于室内光照不足，因此拍摄时将快门速度放慢至1/20s，并配合使用F4.5的光圈和24mm的焦距，以便满足正确曝光的需求。无论是酥油花，还是鲜花，色彩都得到了较为准确的还原，建议拍摄时使用三脚架以保证画面的清晰度

>>> 焦　　距：24mm
光　　圈：F4.5
快门速度：1/20s
感 光 度：ISO 200

3. 拍摄八廓街的黄金时间

八廓街的魅力基本不受季节和时间的影响，一年四季都可以拍摄。每逢藏历节日和大型法会时八廓街尤为热闹，是拍摄人文题材的绝佳时机。

7.2.7 市井巷弄中的寺庙·规模虽小但颇具特色

印象 拉萨的寺庙众多，如布达拉宫、大昭寺、哲蚌寺等著名寺庙，每天都有无数信徒游客前往，事实上还有一些颇具特色的寺庙藏在拉萨的市井巷弄之中，其中尤以木如寺、下密院、喜德寺和策门林寺为甚，极具旅游摄影价值。

新木如寺和旧木如寺都在拉萨境内，旧木如寺在吐蕃时期属藏传佛教宁玛派，大昭寺就在旧木如寺的西南方。“木鹿寺”也是新木如寺的别称，始建于五世达赖喇嘛时期，坐北朝南，共有房屋 300 余间。寺院前面低，后面高，低处为僧舍，高处为主殿。现为西藏佛教协会印经院。

木如寺有上密院和下密院，下密院离木如寺差不多 50 米。下密院是藏传佛教格鲁派密院最高学府之一，藏语“举麦扎仓”就是指下密院，意思是下部地区弘传密法之所。下密院主要建筑包括经堂、佛殿、辩经场、印经房等，其中主殿的建筑规模和艺术价值是最高的。

策门林寺在下密院门口西边路口的巷子里，居住着历代策门林活佛，也是拉萨的四大林之一，属色拉寺管理。“策”意为寿命，“门”意为愿望，它得名“策门林”是因为该寺曾为乾隆帝祈祷长寿。它不只是单纯的寺庙建筑，同时也是藏族群众的住宅区。近年来策门林寺得到了修缮，部分壁画和雕塑焕然一新。

喜德寺东临策门林寺。据《七世达赖格桑嘉措传》记载，喜德寺当时名为“嘎瓦”，是吐蕃赞普墀祖德赞（公元 815–836 年在位）在大昭寺周围兴修的 6 座拉康之一。叫“喜德”，是因为它当年规模较小，仅有四名扎巴在位。经堂、佛殿、僧舍、僧厨构成了喜德寺的主要建筑。寺内有 100 余间藏式平顶二层建筑的僧舍。传说热振活佛在拉萨的行宫就是这里，因为天灾人祸，现已破败。

>>> 焦距：14mm 光圈：F18 快门速度：1/80s 感光度：ISO 125

在晴天拍摄木如寺的大殿，由于光线十分强烈，方向明确，建筑的线条和轮廓十分清晰。利用强烈的明暗对比凸显了建筑的立体感，作为前景的阴影为画面增加了形式美感，同时也集中了观者视线，突出了地面上的吉祥图案和祈福时的绘画

>>> 焦距：14mm 光圈：F11 快门速度：1/200s 感光度：ISO 100

下密院门口，各种商店生意兴隆。采用仰视角度向上仰拍，排列整齐的藏式窗户花纹繁复，具有十分浓郁的民族特色，棋盘式构图使画面具有了一种几何形式美，令人印象深刻

>>> 焦距：17mm 光圈：F4.0 快门速度：1/60s 感光度：ISO 100

在拍摄喜德寺的正门时，利用对称构图表现寺庙的古朴、庄重，作品的纵深感较好。降低曝光量压暗了中景的色彩，令读者的注意力集中在前景的两扇大门上，斑驳不堪的褐红油漆为画面营造了一种悲怆的历史感，做工精良的门钉铜饰令人印象深刻

>>> 焦距：14mm 光圈：F10 快门速度：1/6s 感光度：ISO 100

策门林寺的走廊，墙上的壁画进行了重新描绘，色彩鲜艳、笔法精致。这幅作品在构图时利用了线与面的结合，垂直的柱子、水平的檩条与地面形成了一种纵横交错的空间几何感，画面张力较强。整个画面色彩浓郁，冷暖交织，画面清新明亮，给人轻松、愉快的印象

交通　木如寺位于拉萨市区的繁华路段北京东路，可以步行，也可以打车前往。
下密院位于北京东路吉日旅馆对面，东与木如寺相连，前往十分便利。
喜德寺位于北京中路的巷子里，大昭寺在其东南方，小昭寺位于其东北约一里，可步行前往。
策门林寺位于小昭寺的西南角，喜德寺在其西边，从北京东路的策门林三巷进入，一路到底即可到达。

门票　木如寺、下密院、喜德寺和策门林寺全天都可前往，旅人免门票。

1. 市井巷弄中的寺庙拍什么

木如寺等几个寺庙规模较小，名气与著名的大寺庙相比低了许多，因此特意前往参观的游客并不多，拍摄时可以从各种角度取景。由于它们都隐藏在拉萨的居民区中，所以除了关注寺庙本身的建筑、壁画和雕塑外，还可以将镜头对准寺庙附近的藏族群众，通过镜头去表现他们的宗教信仰，这是拍摄人文题材的好时机。

2. 拍摄市井巷弄中寺庙的黄金时间

拍摄拉萨藏在市井巷弄中的寺庙不受时间、季节的限制，相对而言，晴好天气更容易烘托市井小庙的悠闲气氛。对于喜德寺废墟来说，阴天则有利于表现它的历史沧桑感。

>>> 焦距：14mm 光圈：F13 快门速度：1/20s 感光度：ISO 125

木如寺的走廊，门上挂着印有宗教符号的布帘。拍摄时选择中景别更有利于表现寺庙的建筑环境和细节，主要表现它的历史厚重感，墙上的灰色器皿反射着金属光泽，质感较好。画面顶部整齐排列的线条为作品增加了动感和节奏感，打破了中间调画面的沉闷气氛

>>> 焦距：14mm 光圈：F8.0 快门速度：1/320s 感光度：ISO 125

木如寺作为西藏佛教协会的印经院，在附近做生意的小摊贩免不了要售卖经卷、转经筒等宗教用品。画面中的藏族群众正在手工印制佛经，拍摄这类人文题材时重点在于通过被摄主体的肢体语言、神态等手段去记录事件

>>> 焦距：14mm 光圈：F11 快门速度：1/6s 感光度：ISO 100

在拍摄下密院的天井时，斜射的光线使天窗和柱子在地面上投下了清晰的阴影轮廓，在构图时利用了点、线、面三者的结合，获得了结构稳定协调、整体统一的画面效果。为了追求低调作品的神秘氛围，曝光时可以适当降低曝光补偿，甚至将画面处理为黑白作品也未尝不可，从而增加作品的视觉冲击力

在拍摄下密院的佛堂内部时，为了拍出典型的暗调作品，从而渲染出神秘的画面气氛，利用了侧光为画面制造强烈的明暗对比，使处于亮部的贡品在一片黑暗中被照亮，有一种西方油画般的细腻光感；在曝光时要以水果为测光基准，并以在此基础上适当降低曝光补偿，避免天窗完全过曝；一排田字格形状的窗子为画面增加了形式美感，使画面的明暗配置均衡

>>> 焦距：14mm 光圈：F22 快门速度：1/40s 感光度：ISO 100

这是下密院的绿度母壁画，传说是观世音菩萨的化身。拍摄时要采用平视角度，以避免画面变形，同时尽量还原佛像的色彩。当环境亮度无法支持正常曝光时，可以适当提高感光度，也可以采用慢速快门拍摄，利用三脚架可以保证长时间曝光拍摄画面的清晰度

>>> 焦　　距：40mm
光　　圈：F4.0
快门速度：1/20s
感 光 度：ISO 100

>>> 焦距：17mm 光圈：F10 快门速度：1/200s 感光度：ISO 100

历经多次破坏的喜德寺，如今已经成了一片废墟，到处都堆积着附近居民的生活废弃物。作品的明暗反差较小，属于中间影调，画面气氛压抑。很难说清楚谁才是画面的主体，是那断裂的墙？破旧的木柜？还是枯萎的树木？也许它们之间的关系才是这幅作品想要表达的主题，一座寺庙的过去、现在和未来

>>> 焦距：14mm 光圈：F4.5 快门速度：40s 感光度：ISO 100

在拍摄焕然一新的策门林寺时，屋檐下的亮度较弱，因此在测光基础上适当增加了曝光补偿，一方面提高了色彩饱和度，使冷暖色调对比更加明显，另一方面也突出表现了雕梁画栋的绘画细节和整体风格

>>> 焦距：14mm 光圈：F2.8 快门速度：1/40s 感光度：ISO 500

在拍摄策门林寺的佛像时，由于佛像前面装有玻璃窗，因此需把镜头贴近玻璃，对着佛像面部测光，并增加了1～2挡曝光补偿，目的是突出鲜艳的色彩以及主体的雕刻细节

第8章

山南地区摄影旅游攻略

8.1 人文摇篮——山南旅游攻略

8.1.1 山南印象

山南地区指的是冈底斯山至念青唐古拉山以南、雅鲁藏布江干流中下游地区，边界线长达六百多公里，是中国的西南边陲重地。

与其他藏南谷地的地势类似，山南地区地势亦自西向东逐渐降低，平均海拔在 3700 米左右。境内江河密稠，西藏的母亲河——雅鲁藏布江自西向东流经浪卡子、贡嘎、扎囊、乃东、桑日、曲松、加查 7 个县，境流长度达 424 公里，数十个大小湖泊像玉石一样撒满了山南地区，其中面积只有 1 平方公里的拉姆纳错虽不如纳木错那么壮阔，也不如玛旁雍错那么圣洁，但是在藏传佛教中它有着最神奇的力量；羊卓雍湖素有“碧玉湖”之称，是西藏最美的水；哲古湖则被称为西藏的“草原明珠”。除了江湖，山南地区还拥有众多雪山冰川，海拔 6000 米以上的雪山就有 10 多座，其中对外开放的山峰有 5 座，分别位于错那、洛扎、浪卡子三县境内，平均海拔近 7000 米，最高达 7554 米。此外还有位于乃东和桑日县境内的雅拉香布雪山和沃德贡雪山，平均海拔在 6000 米以上，常年不化的冰雪，圣洁却又凌厉，醉心却又不敢迷恋，是登山、探险、科考、观光的好去处。

山南地区不仅拥有丰富的旅游资源，而且还是藏民族的摇篮和文化发祥地，孕育了很多西藏地区的杰出人物，聂赤赞普、松赞干布、文成公主的名字与那些坐落在神山、圣湖之间的西藏第一宫、第一殿、第一寺紧紧相连，赋予了整个西藏地区不一样的精魂。

>>> 焦距：17mm 光圈：F11 快门速度：1/60s 感光度：ISO 100

山南地区拥有十分浓厚的宗教文化底蕴，甚至可以称作是藏族文化的发源地。拍摄这幅作品时运用侧光为转经筒增加了厚重的阴影，使之具有古朴的质感，从而提升了画面的宗教意味。当风吹起经幡时，利用高速快门将这个动感的瞬间定格，打破了画面凝重肃穆的气氛，令观者摆脱压抑的视觉感受

8.1.2 山南食宿

泽当镇作为山南地区的行署所在地，给人的感觉很繁华，住宿条件较好，游客选择的余地很大。

● **泽当电信雪鸽宾馆** 位于山南地区湖北中路，拥有标准间、普通套间、豪华套间共65间，其中标准间房费为160元/间。

● **山南宾馆（原山南地区招待所）** 拥有豪华套间、标准间、单间，普通标准间、单间及经济客房，共计103间，床位210张，其中标准间的房费为120元/间，新装修的33间客房具有星级标准。山南宾馆地处西藏山南泽当镇闹市中心，交通极为便利，距西藏第一座佛堂昌珠寺、第一座佛殿雍布拉康，驱车不到20分钟便可到达。

● **泽当饭店** 位于西藏山南地区泽当镇乃东路21号。共有客房118间，标准间的房费为220元/间，饭店北面建有供人们观赏休息的幽雅园林。

8.1.3 山南交通

每日有长途班车从拉萨往返山南地区泽当镇，两地公路距离约160公里左右，票价为27元左右，山南泽当镇有前往各地主要景点的中巴车，非常方便，路况也非常好，而且很安全。值得一提的是，虽然羊卓雍错从行政区域来讲属于山南地区，但日喀则、江孜一线却是大多游客前往圣湖的首选。

8.2 山南地区主要景点摄影攻略

在拍摄雍布拉康的标志性建筑时，由于光线十分强烈，且为侧逆光，因此被摄主体具有十分明显的亮部和暗部，明暗对比强烈，强烈的阴影很好地衬托出了碉楼的巍峨气势。在曝光时可以对亮部的白塔进行测光，根据需要再决定降低多少曝光量，大幅度降低曝光量可以遮挡稍显杂乱的前景，正常曝光则可保留完整的画面层次，此时可以使用滤镜去平衡光比

8.2.1 雍布拉康·西藏第一座宫殿

印象 雍布拉康是西藏历史上的第一座宫殿，位于山南地区行署所在地，高耸于雅砻河东岸扎西次日山顶。“雍布”藏语意为“母鹿”，因扎西次山形似母鹿而得名；“拉康”意为“神殿”。雍布拉康最初并非寺院，而是早期雅砻部落首领的宫殿。据史书记载，它始建于公元前二世纪，松赞干布在暑期将其由宫殿改作寺庙，文成公主初来西藏时每到夏季都会和松赞干布来这里居住。至五世达赖时，又在原碉楼式建筑基础上修建了四角攒尖式金顶，并将其改为黄教寺院。

雍布拉康的标志是遗留至今的一座碉楼式建筑。这座白、黄、红三色的碉楼立于雍布拉康建筑的东端正中，即传说中聂赤赞普所建的最早建筑，因为高高矗立于山顶，所以特别显眼。

交通 雍布拉康距离泽当镇大约十公里左右，交通较为便利，可供选择的交通方式自然也就多了。其中很多人会选择包车前往，而泽当镇上有许多私营出租车在这条线路上来回接客，包车价格约为60元/车，需要注意的是，最好提前与司机沟通好在景点附近停留拍照的时间，以免发生纠纷。个人认为各种交通方式中最方便的是包机动三轮车前往雍布拉康，往返车费约40元，要是事先与司机商量好，在回程时可以顺便在昌珠寺停车。机动车辆是无法登上雍布拉康的，这就需要大家自行步行。不过，自己爬上去也就大约需要30分钟，要是实在脚力不足的话，山脚还有私人出租马匹供游客代步，费用为40元/人。除非体力严重不支，不然没有必要骑马上山。

门票 门票为60元/人，开放时间为9：00—18：00。

1. 雍布拉康拍什么

雍布拉康的古堡建在一处坐北朝南的山上，气势恢弘，造型十分突出。拍摄时，在山脚下仰拍可以表现雍布拉康的巍峨挺拔之姿；而爬到雍布拉康向下俯拍时，则可表现雅砻河谷的田园风光。雍布拉康的鎏金塔顶在太阳的照耀下闪烁着历史的光泽，可以利用大面积的蓝天作为背景去烘托。无论选取哪个拍摄角度，都要注意将经幡、木刻以及藏式建筑的典型特征摄入画面，避免画面显得单调。

风马旗是藏族地区一道独特的风景线，色彩鲜艳，随风飘扬，是西藏摄影的常用构图元素。广角镜头的使用令风马旗在画面中呈现较大比例，与雍布拉康形成明显对比，近大远小的比例关系起到了强化空间透视的作用，画面层次分明，同时也使场景显得更加开阔

◆»» 焦距：17mm 光圈：F8.0 快门速度：1/640s 感光度：ISO 125

>>> 焦距：17mm 光圈：F4.0 快门速度：1/20s 感光度：ISO1000

雍布拉康主要供奉释迦牟尼佛像，雕塑工艺复杂而精美，酥油花色泽鲜艳。拍摄时主要利用光圈、快门速度和感光度的合理配置来获取画面合适的亮度和较高的清晰度，尤其是在宫殿内部的弱光环境下，选择正确的测光方式极其重要。拍摄这幅作品时选择了佛像面部的高光部位测光，并适当增加了曝光量，一方面可保证被摄主体不会过曝，面部神情生动自然，另一方面也能够保证暗部的酥油花、鎏金等细节的完整性

2. 在什么位置拍摄雍布拉康

● 从泽当镇出发，在快要到达雍布拉康时，距城堡大约700米处的公路北侧山坡上可以拍摄雍布拉康的全景。从下午直到傍晚的光线都是顺光，这里视野开阔，可以拍到雍布拉康和它所在的扎西次日山，以及周围的群山与天空。

● 从山脚到雍布拉康需要步行20分钟左右，沿途无遮挡，仰拍时可以看见雍布拉康之上的蓝天美似织锦，寻找些许小景致作为前景，以鎏金塔顶和白塔、白色墙体作为主体，更显古堡之庄重气势。

在参观雍布拉康以后，可在其北边的山梁上进行拍摄，这个角度可以拍到古堡“碉楼”的正面以及山下的雅隆河谷麦田，最佳拍摄时间是早上6点半到7点太阳刚照亮古堡之时。山梁坡高路陡，携带摄影器材时要注意安全，谨慎放置三脚架。

● 扎西次日山山脚下的青稞地和油菜地。这个位置非常适合在夏天时拍摄雍布拉康，色彩纷呈的田野与古朴的雍布拉康遥相呼应。

● 附近的雅鲁藏布江沿岸风光有很高的拍摄价值。在泽当镇向拉萨方向行至24公里处是最好的拍摄地点，此处江面辽阔，水面平缓。如遇到江面上有藏族人乘坐的牛皮筏子一定要拍摄，这是雅鲁藏布江特有的最古老的渡河工具。早上7点30分时太阳会照亮雍布拉康对面的山岗，此时雅鲁藏布江好似一面幽静的蓝镜子，很容易拍出好作品。

拍摄时有意利用经幡杆遮挡了太阳，一方面可避免画面过曝，有利于控制光比，另一方面也会让作品具有一种神秘的宗教意境，画面令人回味

>>> 焦距：17mm 光圈：F22 快门速度：1/160s 感光度：ISO 125

3. 拍摄雍布拉康的黄金时间

拍摄雍布拉康以早晚光线为佳，在季节选择上以夏末秋收之际为宜，此时田园风光最美，为画面增色不少。

8.2.2 桑耶寺·西藏第一座寺庙

印象 桑耶，藏语意为“出乎意料的地方”。桑耶寺位于西藏山南地区的扎囊县桑耶镇境内，地处雅鲁藏布江北岸桑耶乡的哈布日山下，哈布日山号称西藏四大神山之一。桑耶寺始建于公元 8 世纪吐蕃王朝时期，是西藏藏传佛教史上第一座佛、法、僧俱全的寺院。公元 763 年，吐蕃王朝第五代藏王赤松德赞亲自选址，寂护、莲花生大师亲自测定并主持设计，由赤松德赞主持奠基。桑耶寺建成后，赤松德赞从内地、印度、于阗等地邀请高僧住寺传经、译经，鼓励贵族子弟出家到桑耶寺修行，并宣布吐蕃全民一律尊信佛教，掀起了藏传佛教在西藏历史上长盛不衰的帷幕，从此奠定了桑耶寺在西藏的崇高地位。

闻名中外的桑耶寺周围河渠环绕，绿树葱茏，密集成林。寺内建筑处处讲究，全盘皆蕴含着佛家的宇宙观，乌孜大殿是它的建筑主体，第三层是印度风格，第二层是汉式结构，第一层为藏式结构，故也可以叫它三样寺，是建筑史上的佳作。桑耶寺距今已有千年历史，它是藏族文物古迹中历史最悠久的著名寺院，是吐蕃时期最雄伟、最壮丽的建筑之一。寺内珍宝无数，壁画成片，石刻铜雕皆为极品，代表着吐蕃王朝以来西藏各个时期的历史、宗教、建筑、壁画、雕塑等多方面的水平，是我国民族艺术的珍贵遗产之一。

交通 从大昭寺门口便可坐上去桑耶寺的班车，第一趟车是早上六点发车，终点到桑耶渡口。大约需 3 小时车程，车费为 30 元 / 人。从桑耶渡口坐船过雅鲁藏布江，船费为 5 元 / 人。上岸后有专门前往桑耶寺的各式交通工具，可直达寺庙门口，车费为 10 元 / 人。

也有部分人会选择走近旁的过江大桥过河，这种方式便捷且安全，但如若想体验渡江之感，建议从渡口坐船。

食宿 桑耶寺内可提供简单饭菜，与大多旅游景点一样，价格略贵且味道一般食物缺味，但分量还是较足的；桑耶寺招待所周围有小卖部，可以买到方便食品和矿泉水；桑耶寺后面的村子里一些饭馆，可以吃到川菜和藏餐，价格不贵。

桑耶寺旅馆环境一般，房费为 30~40 元 / 人，无卫生间。

门票 进寺不要门票，但进主寺乌孜大殿要收费，门票为 45 元 / 人，每天 9：00—17：00 开放。

桑耶寺有白、红、黑、绿四座佛塔，其中红塔建在大殿的西南角，造型特殊。这幅作品采用了框式构图法，从庙堂的门内拍摄，利用门的结构线条去引导观者的视线，凸显了红塔的主体地位。曝光时可以选择画面左侧的亮部区域测光，并以此为基准适当降低曝光补偿，从而遮掩暗部细节，突出表现亮部的细腻纹理，大面积的褐红色与远景的红塔形成呼应关系，给人一种庄重古朴的历史感

>>> 焦距：17mm 光圈：F9.0 快门速度：1/400s 感光度：ISO 100

1. 在桑耶寺拍什么

桑耶寺周围没有什么特色景致，因此主要是以寺庙的建筑、雕刻、佛塔等为拍摄重点。去往桑耶寺时最好详细了解一下每个建筑所代表的特殊宗教意义，深入挖掘其背后的精神含义，才能更好地表现西藏的历史和宗教文化。

>>> 焦距：40mm 光圈：F11 快门速度：1/250s 感光度：ISO 200

乌孜大殿是桑耶寺的中心主殿，构造精妙，被认为是代表世界中心的须弥山。拍摄此类作品时要注意表现寺庙宫殿的端正、庄严，避免夸张变形，平视角度有利于表现乌孜大殿的建筑全貌，细节展示比较全面

>>> 焦距：24mm 光圈：F4.0 快门速度：1/50s 感光度：ISO 160

「桑耶寺壁画的题材十分丰富，涉及宗教、舞蹈、杂技、世俗生活等领域。画面中的壁画作品是典型的宗教题材，对称式构图令观者的视觉始终保持相对均衡，给人留下一种庄重、稳定的敬畏感。主体菩萨的座下排列着许多弟子，在形体大小上与菩萨形成明显的对比，营造出一种众星拱月的氛围，契合信仰和庇佑等宗教教义。拍摄此类壁画作品时要始终保持相机的水平状态，切忌画面倾斜」

>>> 焦距：40mm 光圈：F10 快门速度：1/200s 感光度：ISO 160

「桑耶寺的围墙周长为1200米，墙上原有1008座塔刹，现已不全。拍摄这幅作品时光线极强，白塔的亮部和暗部十分明显，轮廓鲜明。利用斜线构图使画面具有视觉上的拓展，同时使观者的视线得到延伸，被摄主体由近及远、由大变小，由于形状渐变而营造出强烈的节奏感，使画面具有很强的形式美感」

>>> 焦距：17mm 光圈：F14 快门速度：1/160s 感光度：ISO 125

「这幅作品的前景建筑遮挡了部分天空，避免画面看起来空洞，同时也起到了引导视线的作用，突出寺庙的主体地位。低角度仰拍可使寺庙建筑显得更加高大雄伟，飞檐与前景的三角形线条形成了呼应关系，画面层次、秩序感较好，白色墙体与黑色前景形成了强烈的明暗对比，给人以强烈的视觉冲击力。曝光时可以选择画面的中间灰区域测光，然后降低曝光补偿，以保留暗调区域的部分细节，使画面的明暗均衡分布」

2. 拍摄桑耶寺的黄金时间

每年的藏历5月15日至17日，在桑耶寺都会跳金刚法舞，此时是拍摄人文题材的好时机。

8.2.3 羊卓雍错·流淌的碧玉

印象　羊卓雍错，藏语意为"碧玉湖"、"天鹅池"，是西藏三大圣湖之一，位于雅鲁藏布江南岸、山南浪卡子县境内。湖面海拔为4441米，东西长约130公里，南北宽为70公里，湖岸线总长为250公里，总面积达638平方公里，是喜马拉雅山北麓最大的内陆湖。

羊湖是约亿年前冰川泥石流堵塞河道而形成的高原堰塞湖，形状多样，湖岸曲折蜿蜒，汊口较多，附有空母错、巴纠错等小湖，从空中俯拍时整个湖区好像一株珊瑚，姿态奇美。又因为它是淡水湖，水质清澈、透明度极高，湖水深度变化大，呈现出十分梦幻的蓝绿色。

从拉萨往南，翻过海拔5030米的岗巴拉山就可以看见远处的羊卓雍错，作为西藏久负盛名的湖泊之一，羊卓雍错好像一条翡翠的玉带在雪山之中旖旎生姿。这里不只有美丽的湖水，还有雪峰、冰川、牧场、野生动植物等，其中最著名的雪峰就是宁金抗沙峰，其海拔7206米，是西藏传统四大神山之一，终年白雪皑皑，映衬着羊湖多彩而壮阔的湖面，由于山体雄伟，顶部尖锥突兀，终年积雪发育了条条冰川，著名的卡若拉冰川就在宁金抗沙峰的南麓。羊湖周围及湖内有大小21个岛屿，生活着多种水鸟和野生禽类，例如黄鸭、鹭鸶、沙鸥等，成千上万只水鸟在湖面上自由、欢快地飞翔，阵阵清脆的鸣叫为宁静致远的羊卓雍错增添不少生机。羊湖周围海拔5000米的山上有雪猪，岸边草滩上偶尔还会遇到野羊和狐狸，因此有必要配备长焦镜头。除去自然景观，羊湖的南面还有一座千年古刹桑丁寺，属喇嘛教噶举派（白教），是西藏唯一女活佛多吉帕姆的主持院，为羊湖风景区最具代表性的人文景观。

交通　从拉萨包车或者乘坐班车，往南行大约100公里即可到达羊卓雍错，行车时间约两个小时。如乘坐班车，可先坐到雅鲁藏布江大桥（曲水大桥）边，再乘出租车游览羊卓雍错湖。一般包六人吉普车的费用大约为1500～2000元/天。

食宿　羊湖附近只有藏族群众家里可以提供住宿，建议回到浪卡子县寻找食宿点。浪卡子县城内住宿比较方便，粮食招待所、邮政招待所价钱都比较便宜，而且附近就有不错的小吃店，亦有川菜、清真菜、藏等多种风味美食供大家选择。

门票　在岗巴拉山顶停车拍照需要购买门票，门票价格为40元/人，如果不停车就无需购买。

拍摄这幅作品时光线通透，羊卓雍错湖色彩湛蓝。选择湖边的经幡作为前景，一方面为画面带来了色彩上的视觉差异，加入了些许暖色调作为点缀；另一方面也明确了画面层次，前景的经幡、中景的蓝色湖水与远景的山脉及白云使画面更有层次，空间感十足，质感锐利

>>> 焦距：65mm 光圈：F32 快门速度：1//60s 感光度：ISO 100

1. 在羊卓雍错拍什么

羊卓雍错在阳光的照射下会呈现出从翡翠绿到孔雀蓝的渐变色，远处有白雪皑皑的宁金抗沙峰，空中的云彩自由地舒卷，山峦高低起伏，与羊湖的湖岸线相映成景，别有风味。此外，羊湖可谓是禽鸟的乐园，它们经常在湖岸和湖中小岛上自由休憩，最好能将羊湖和这些生灵同时摄入画面，动静结合实为上策。拍摄羊卓雍错，主要是表现羊湖在不同的时间和光线下的光影变化，无论是全景还是湖边的小景致都有极高的拍摄价值，是西藏自然风光频出佳作的摄影圣地。

>>> 焦距：24mm 光圈：F13 快门速度：1/250s 感光度：ISO 200

「广角镜头的运用使这幅作品具有开阔的气势，色彩饱和度较高，给人留下赏心悦目的视觉感受。在构图时，将羊卓雍错安排在画面的三分之二处，避免了地平线居中割裂画面的尴尬，大面积的蓝天白云为牛羊群留出了呼吸空间，整个画面构图饱满而不拥挤，好一派闲适的田园风光」

›››焦距：40mm 光圈：F10 快门速度：1/1000s 感光度：ISO 160

这幅作品中的羊湖湖面开阔平静，广角镜头获得了大景深效果，远处的雪峰闪着皑皑银光。为了改善画面的空洞感，将玛尼堆和风马旗作为前景，利用近大远小的比例关系强化了作品的空间透视感，同时也起到了美化画面的作用

2. 在什么位置拍摄羊卓雍错

● 由于羊湖湖岸线长且曲折，所以不论从哪个角度都无法拍摄到羊湖的全景，相对而言，岗巴拉山山顶是最能表现羊湖光影魅力的拍摄位置。此时可以用广角、标头尽量多地摄入周围的元素，将草滩上的牛羊群、野生植物作为前景，都是非常不错的构图策略；还可以用长焦镜头截取羊湖湖汊的局部，凸显羊湖的特征。

›››焦　距：70mm　光　圈：F18
快门速度：1/100s　感光度：ISO 100

拍摄时运用长焦镜头选取了羊湖的部分湖岸线，不规则曲线起到了延伸观者视线的作用，画面纵深感较强，布局新颖。由于湖水的深浅程度不同，山脉的色彩也会随着海拔而发生变化，因此画面中的影调十分丰富，褐黄色与蔚蓝色形成了鲜明的对比，画面效果突出

从岗巴拉山口下来走在盘山公路上，每走几步，你的相机都会随着公路的曲线而改变视角，此时羊湖就像一个万花筒，时而美似幻境，时而静得祥和，每个细节都很出彩。再往下走一段，可以拍到一大片绿色青稞和金黄色的油菜花，色块拼接，对比强烈，为单调的湖水增添了一些趣味。

● 在离浪卡子县城 2 公里的距离内，可以选择湖边的水鸟、沼泽、农田等作为前景来拍摄羊湖，如果上到半山腰的话，也可以将湖边的小村庄一并摄入画面。

››› 焦距：40mm　光圈：F8.0　快门速度：1/500s　感光度：ISO 160

「拍摄开阔的水面时，一般可以将小船、水鸟等元素摄入画面，制造各种对比关系，从而有效地改善画面的效果。在拍摄这幅作品时，水面空无一物，画面过于空洞，此时，适当的前景就显得尤为重要。沼泽的面积、形状和色彩都与水面有较大的区别，形成一种形状对比关系，为画面增加了视觉差异，同时也衬托出了水面的开阔与宁静」

● 在羊湖的湖边高地上可以拍摄水鸟自由嬉戏的场景。此时不要距离被摄主体太近，利用长焦镜头拍摄不但不会惊扰它们，获得开阔的视野，而且可以拍到它们最自然的状态。

● 在距离浪卡子县大约 40 公里处，可以拍摄宁金抗沙峰和卡若拉冰川。天晴时可以看见神山真容，卡若拉冰川形状狭长，远距离用长焦镜头拍摄时很容易丢失冰雪的细节，采用拼接的方法可以获得更好的画面效果。

>>> 焦距：600mm 光圈：F4.0 快门速度：1/2500s 感光度：ISO 640

水鸟的飞翔姿态优美而动感十足，运用高速快门将这个瞬间记录了下来，拍摄时机把握得很好。利用蓝色湖水作为背景，可将水鸟的白色羽毛和红色鸟爪都衬托得很突出；荡漾的水波在侧光下形成了一个个明亮的高光点，扩展了画面的影调范围

>>> 焦距：65mm 光圈：F32 快门速度：1/60s 感光度：ISO 100

羊湖白雪皑皑，峰顶笼罩在一片白云中，好似披着一块圣洁高贵的哈达。这幅作品具有十分鲜明的藏地特色，白色的云、蓝色的天以及纯净的湖水，色彩亮丽而通透，构图饱满而大气，画面层次鲜明。空中大面积的白云有效地遮挡了部分光线，缩小了光比，也为曝光提供了便利条件，同时在山脉上投下的阴影使画面更具立体效果

Tips

- 岗巴拉山口风大，拍摄时三脚架必不可少。
- 从岗巴拉山口到山下的垂直落差为1400米，路陡弯急，个别路段狭窄，拍摄时一定要注意安全。

3. 拍摄羊卓雍错的黄金时间

春秋两季的羊卓雍错湖水清澈，天空蔚蓝，相对雨季而言空气更加通透，是拍摄自然风光的好时机。由于距离拉萨或日喀则的路程较远，不管是包车还是自驾车都很难赶上一早一晚的自然光线，理想的光线可遇而不可求，选择晴天的 11 点到 15 点这个时间段同样可以表现羊湖的丰富色彩。

如果将卡若拉冰川列入摄影计划中，建议在每年 6 月以前去拍摄，7 月进入雨季后冰川经常阴着脸，不过具体情况要看大家的运气了。

羊湖不同的季节呈现的色彩不同，建议大家在 3~10 月份前往羊湖，当时的天气决定着羊湖的色彩。

>>> 焦距：17mm 光圈：F11 快门速度：1/60s 感光度：ISO 100

>>> 焦距：16mm 光圈：F11 快门速度：1/160s 感光度：ISO 100

>>> 焦距：17mm 光圈：F11 快门速度：1/60s 感光度：ISO 100

第9章 林芝地区摄影旅游攻略

9.1 西藏的江南——林芝旅游攻略

焦距：76mm 光圈：F11 快门速度：1/250s 感光度：ISO 100

夏季的林芝地区色彩明艳，翠绿的色季拉山、整齐的田地和斑斓的藏式民居，形成了藏东南独有的田园景致。由于林芝地区空气湿度较大，在色季拉山俯拍林芝时经常会有薄雾飘荡在山间，在侧光的影响下整个画面恍若仙境；若有幸遇到局域光，画面效果则更加戏剧化。拍摄时要注意控制曝光，使高亮区域和暗调部分的细节都得以表现和保留

9.1.1 林芝印象

林芝，藏语意为“太阳的宝座”，位于西藏自治区东南部，平均海拔为3100米，海拔最低的地方仅仅900米，气候湿润，景色宜人，被称为“西藏的江南”。首府八一镇位于尼洋河畔，是该地区政治、经济及文化的中心。

林芝被冠以“天然的自然博物馆”、“自然的绿色基因库”美名，著名的喜马拉雅山脉、念青唐古拉山脉和横断山脉对林芝形成了合抱之势，境内有大面积的原始森林、西藏古柏、喜马拉雅冷杉、植物活化石“树蕨”等特殊的植物景观。每年春夏，色季拉山上就会盛开着满山遍野的杜鹃花，种类繁多、色彩各异，呈怒放之势；鲁朗林海松涛阵阵，与直刺天穹的南迦巴瓦峰遥遥相对。闻名中外的雅鲁藏布江大峡谷，这条天然水气通道使来自印度洋的暖湿气流在青藏高原东南地区形成了世界第一大降水带，最壮观的“雅鲁藏布江大拐弯”就位于林芝地区的排龙。

林芝古称工布，历史悠久，可以追溯到西藏的史前时期，是藏族、门巴族、珞巴族等少数民族和僜人的聚居地，他们热情大方，民风淳朴，至今传承着古朴的生活方式和独特的民俗习惯，他们创造的珞瑜文化为林芝地区蒙上了一层原始而又神秘的色彩。林芝受到藏传佛教和苯教的广泛影响，境内拥有达则寺、喇嘛岭寺等著名的寺庙人文景点，与巴松错、南迦巴瓦峰、雅鲁藏布江大峡谷、波密和鲁朗林海等自然风光构成了和谐而丰富的旅游景观。

林芝地区完整地保留了原始自然风貌，是世界上少有的不被人类商业开发的净土之一。同时林芝地区的节日也具有一定的地方特色，每年藏历十月一日举行的工布新年，有请狗赴宴、驱鬼、祭神、射箭等内容；藏历八月十日是娘布拉苏节，此节日是为了纪念一颗能使林芝地区风调雨顺的宝石而举行的，内容有赛马、射箭、跳舞和物资交流。藏历四月十五日的萨嘎达瓦节和藏历八月二十一、二十二日是转苯日神山的日子，以藏历马年最盛，转一圈 35 公里，大约需一两天。

林芝大部分地区全年气候温和湿润，全年皆可旅行，最佳旅游时间为每年的 1 月、3~5 月及 9~12 月。去林芝东南部的波密、察隅和墨脱一带旅行受季节和天气影响较大，比如波密帕隆藏布江一带，每年 7、8 月雨季的大量降雨极容易引发山体滑坡及泥石流、塌方等自然灾害，造成八一镇以东的川藏公路中断，因此不建议自驾车前往。墨脱雅鲁藏布江大峡谷地区则受险峻地形和多变气候的影响较大，现在已经通车，随时都可以进出。

9.1.2 林芝交通

林芝地区交通比较便利，可从拉萨乘坐班车到林芝，班车早上八点发车，到林芝首府八一镇大约有 633 公里，票价为 155 元，途经墨竹工卡、工布江达；然乌到林芝约有 345 公里，途经通麦、波密；山南地区的泽当到林芝约有 475 公里，途经加查、米林。另外，林芝与拉萨也通航班，可乘坐飞机前往。

9.1.3 林芝食宿

林芝和大多数藏区一样，川菜占据了大半江山。首府八一镇的川菜馆遍地开花，“谭府菜”和“蜀家菜庄”比较有名。近几年随着交通状况的不断改善，前往林芝旅游的游客逐年增加，因此各种地方菜系也开始落户八一镇，甚至有比较高档的粤菜和潮州菜。有一家“尼西鱼庄”，在八一镇以西，川藏公路边的尼西沟，这家饭馆的鱼小有名气。另外，在“名远小吃”可以品尝到具有当地特色的小吃，鲁朗石锅鸡千万不可错过，大约 160~200 元 / 锅。

林芝的住宿条件较以前有很大改变，八一镇更是被称作“小广东”，有星级的林芝宾馆、福建大酒店、假日酒店，当然还有很多普通的家庭旅馆，巴松错度假村甚至有高档别墅，推开窗户即可看见云雾之中的雪峰、湖泊。

9.1.4 林芝购物

林芝有丰富的自然资源，盛产经济植物与药用植物，山林之中到处都是野生瓜果、木耳、蘑菇和各种参类；鲁朗石锅价值不菲，富含镁铁等 17 种矿物微量元素，以手掌参和当地土鸡为原料的鲁朗石锅鸡成为去当地旅游必吃的一道美食，用云母石手工制成的石锅售价在 2000 元左右。此处，林芝少数民族所特有的手工艺品也值得购买，门巴木碗、竹编、珞巴石锅和陶器都具有明显的珞瑜文化特征。

9.2 林芝主要景点摄影攻略

>>> 焦距：17mm 光圈：F11 快门速度：1/400s 感光度：ISO 100

「尼洋河是一幅天然的风景画，因此是西藏风光摄影的经典场景。这幅作品运用广角镜头获得了极大的景深效果，整个画面是由大面积的绿色、蓝色和白色组成，色彩和谐，适当加减曝光补偿可以强调绿色调生机盎然的表现力；开放式构图打破了画面的静谧氛围，视觉效果更加有张力」

9.2.1 尼洋河·神山的眼泪

印象　尼洋河发源于米拉山西侧的错木梁拉，由西向东流，在林芝县附近汇入雅鲁藏布江。藏语称河为“曲”，因此藏族人称尼洋河为“尼洋曲”。 传说尼洋河是神山流出的悲伤眼泪，是工布人民的“母亲河”。

尼洋河沿岸植被茂密，河水清澈透明，在阳光的照射下呈现出湛蓝或幽绿的颜色，而雅鲁藏布江中裹挟着大量泥沙，江水浑浊，呈现褐黄色。两江交汇处江面约有几公里宽，宽阔的江面上蓝绿色和褐黄色先是泾渭分明，好似一圈圈蓝与黄相间的渐变色，两种颜色和岸边的绿地、远山、蓝天白云形成一幅自然美丽的江河画卷，最后清澈的河水被向东奔去的雅鲁藏布江吞噬，滚滚而去。

交通　从拉萨到林芝首府八一镇大约 400 公里，全程都是平整的柏油路面，沿途可拍摄草原、牦牛、羊群、雪山。翻过海拔 5000 米的米拉山后，拉萨河谷平原就遥遥在望了，继续往东，就进入了尼洋河河谷。米拉山是拉萨河与尼洋河的分水岭。

1. 在尼洋河拍什么

尼洋河畔的柳树林是林芝的重要观赏点，放眼望去，绿地上一丛丛球形树冠与河滩上的牛羊群相映成趣，尼洋河的河道和滩涂在林间画出美丽的曲线，点、线、面的结合使田园画面看起来生动有趣，同时相当考验拍摄者的构图能力。入秋之后整个场景好似一幅浓墨重彩的西方油画，蓝天白云、金黄的柳树树冠与幽绿的河水形成了色彩对比，是风光摄影的绝佳拍摄内容。

中流砥柱位于川藏路上的尼洋河中游，这是尼洋河中一块巨石独自立于江中，背靠着神佛山的景观。山谷沟壑之中，湍急的河流冲击着石头，撞击出巨大的水花，柔弱的水迸发出如此强大的力量，这是一种多么壮观的场面。相传这块巨石是工布地区的守护神——工尊德姆修炼时的座椅。

焦距：17mm 光圈：F11 快门速度：1/160s 感光度：ISO 100

逆光的运用凸显尼洋河地貌的明暗反差、质感，在大面积相对单一的黑色中，蓝天白云和河流的色彩为画面增色不少，使画面生动了许多，在曝光是以高光区域测光，大量减曝显 示出尼洋河的神秘！

在拍摄尼洋河风光时，天气和光线很重要，尤其是在春、秋、冬季，柔和的光线可以更好地强调鲜艳的色彩，而且也有助于表现田园风光的秀美、温和。这幅作品的前景是尼洋河的水面，左边水面反射着来自天空的明亮光线，右边水面则是色季拉山的投影，明暗反差强烈。在构图时将明暗对比的界线从右下角深入画面，形成三角形构图，画面结构稳定而不失灵动。在曝光时可以选择云彩进行测光，稍微欠曝可以使画面的色彩更加浓郁，从而突出画面的艺术美感

焦距：24mm 光圈：F14 快门速度：1/125s 感光度：ISO 100

2. 在什么位置拍摄尼洋河

● 拍摄尼洋河和雅鲁藏布江的交汇有两个位置，一个是林芝机场与八一镇之间的观景台，位于318国道公路旁，并立有雅鲁藏布江和尼洋河汇合处的石刻，在雅鲁藏布江的南面；另一处是在去大峡谷的途中，就在观景台的对面，地处雅鲁藏布江和尼洋河的北岸，这是观看两河交汇的最佳地点。在这个位置停下之后，可以爬上后面的小山坡，这里视野极好，可以清晰地拍到泾渭分明的江河交汇。

● 从林芝县城中的一个丁字路口向南，过林芝军分区大院后向东行大约18公里，经过邦纳村后，在尼洋河的河滩上就会出现一大片造型优美的柳树林，成片地生长在河边和滩涂小岛上，远处就是雅鲁藏布江。拍摄时可以将远处的山脉作为远景，弯曲的河滩、河床作为前景来表现画面的层次，也可以将岸边的柳树和牛羊作为前景来衬托远处尼洋河的清澈和纵向延伸的河道。

››› 焦距：80mm 光圈：F11 快门速度：1/125s 感光度：ISO 100

拍摄这幅作品时正值太阳角度较高的时刻，此时的光线很强，尼洋河的水面反射着大量光线，滩涂上的沙子形成了闪闪发光的高光点，影调范围宽广，准确曝光可以增强画面的视觉冲击力。构图时通过相互交叉的河道以及这些线条组成的空间，并配合远景的树林和中景低头觅食的牦牛来表现尼洋河的田园风光主题，画面构图递进而结构完整

>>> 焦距：17mm 光圈：F13 快门速度：1/125s 感光度：ISO 100

侧逆光的运用使杨树林的树冠质感通透，色彩饱和度较高。在曝光时要以画面黄色的区域为测光基准，并在此基础上减少曝光量，这样不仅可以保证尼洋河水面的清澈，也可以保证整个画面的光影效果立体而丰富

● 拍摄尼洋河的田园风光时不必贪恋所有的美景，场景太大则容易造成画面松散，可以尝试用长焦镜头选择局部精心构图。同时不必过分强调光线的质感和方向，因为尼洋河畔经常有云蒸霞蔚的美景，早晚云雾甚大，拍摄时应该着重注意构图和色彩，无论是阴天、晴天，也不管是顶光、侧光，都能拍出优秀的风光作品。

尼洋河畔经常有人前来垂钓，风光秀丽，钓者自在，是人与自然和谐共处的表现。拍摄这类题材时要秉承人文摄影的宗旨，追求真实而不夸大的画面效果，运用标准镜头平拍就可以较好地还原拍摄现场；降低曝光补偿可以增强画面的色彩饱和度，画面色彩浓郁而不浮夸，质感较好

>>> 焦距：70mm 光圈：F14 快门速度：1/80s 感光度：ISO 100

● 拍摄“中流砥柱”时建议离开观景台往前走，不远处有个拐弯点，在此处拍摄时可以怪石、河水为前景，山岳为背景，突出屹立在江中的巨石。

「拍摄这幅作品时大幅度降低了曝光补偿，一方面可压暗四周，遮挡色季拉山上的杂乱细节，突出被侧光照亮的主体，使主体显得更突出；另一方面也能强化画面的神秘氛围，表达自然景观古朴坚韧的品性，烘托作品的主题」

>>> 焦距：17mm　光圈：F11　快门速度：1/80s　感光度：ISO 100

3. 拍摄尼洋河的黄金时间

拍摄尼洋河的风光，以每年 4 月过后的夏季和 11 月初的深秋为最佳季节，夏季万物生长、色彩斑斓，入秋之后则是拍摄金色柳树林的好时机。

在前往林芝的途中可以看见公路两边的草原、藏族牧民的藏包及日常生活场景，还要路过黑颈鹤保护区，如果在 12 月至来年 3 月份，可以看到大量的黑颈鹤，千万不要错过这些游览和拍摄的机会。

9.2.2　巴松错·红教著名的神湖

印象　巴松错，藏语意为“绿色的水”，湖面海拔 3700 多米，湖面面积达 6 千多亩，位于距林芝地区工布江达县 5 0 多公里的巴河上游的高峡深谷里，是红教的一处著名神湖和圣地。巴松错被葱郁的原始森林环抱，湖水澄清见底，呈浅绿色，晶莹无杂质，雪山的倒影投射在湖面上，偶有黄鸭、沙鸥、白鹤等飞禽掠过或浮游于水面，为寂寞的湖水增添了些许生机，是林芝地区最早为人熟知的一处美景。在巴松错的中心有一座“空心岛”，名为扎西岛，犹如宝石一般嵌在绿色湖水之中，岛上的错宗工巴寺面积不足 200 平方米，始建于吐蕃赞普时期，拥有众多的神话传说。

巴松错位于 318 国道旁，距工布江达县城 70 公里，来往车辆较多，交通便利。如搭车前往，在公路边看到“巴松错风景区”指示牌的岔路口下车即可，然后过巴河桥北行约 40 公里便可抵达巴松错湖边。

食宿　巴松错度假村的档次较高，可以“躺在别墅里看雪山”，房间种类多，有别墅、平房和日式睡房供住客选择，此外还开通了国际长途，可收看十余套电视节目。也可以选择住在八一镇或者住在拉萨。如果是从四川往拉萨方向自驾游，有少数人会选择住在鲁郎小镇，顺便还能看看鲁郎林海。

具有本地特色的美食有藏香猪、松茸烧罐头、巴河鲇鱼、手掌参炖藏鸡、石锅鸡、山珍野菌等地道林芝风味，不仅味道鲜美，而且营养价值极高。

门票　旺季为100元/人(5月1日至次年10月30日)，淡季为50元/人(11月1日至次年4月30日)，开放时间为9：00~18：00。

焦距：17mm 光圈：F7.1 快门速度：1/500s 感光度：ISO 160

这是通往巴松错扎西岛的桥。风光摄影离不开广角镜头，尤其是桥、公路等具有形式感的线条。在这幅作品中，广角镜头的运用不但强化了桥的形式感和抽象感，而且夸张了近大远小的空间透视比例，令人印象深刻。在曝光时可以选择水面的高光区域作为测光点，以保留前景的所有暗部细节。此外，画面的色彩也是该作品的成功之处，近景的水面和桥面同时反射着天空的光线，大面积蓝色赋予了画面静谧幽冷的氛围，而远景的亮部区域则呈现松绿色，这是由光线的方向和强度而带来的变化，画面色调饱满、层次细腻

1. 在巴松错拍什么

● 巴松错的湖水会随着季节变化而改变颜色，最佳拍摄季节是秋季，此时云淡风轻，层林尽染，湖畔色彩斑斓。由于巴松错地区的森林多为针叶林，其他季节时颜色发灰绿，并不利于表现美感，此时可以尝试拍摄黑白照片，或者后期转为黑白画面，反而更有意境。

焦距：200mm 光圈：F5.6 快门速度：1/125s 感光度：ISO 100

暗调作品的魅力就在于黑白光影的契合与对比，二者之间的关系十分微妙。拍摄这幅作品时，湖水的色彩比较平淡，将画面处理为黑白作品反而有利于表现景物的品质。对湖面的高光区域测光，并在此基础上降低1挡曝光补偿，压暗房屋及部分前景，白色船只和附近的水面曝光准确、细节丰富，达到了突出主体的目的。整个画面给人一种凝重深沉的感觉，符合秋冬时节的拍摄氛围

● 要拍摄巴松错的全景，必须爬上巴松错度假村后面的山林，在这里可以拍到巴松错的“心脏”扎西岛，可用长焦镜头拍摄在湖面上嬉戏的水禽。

>>> 焦距：21mm 光圈：F7.1 快门速度：1/320s 感光度：ISO 160

这幅作品利用冬季的枯枝作为前景，为美丽的扎西岛搭建了一个“画框”，是摄影构图中典型的框式构图。这种构图方式不仅营造出画面的距离感，强化了空间透视关系，在交代拍摄环境的同时，也起到了引导读者视线、突出主体的作用

● 巴松错的晨曦极美，薄雾萦绕在湖面之上，湖畔的绿草尖儿上挂着露珠，一缕初升霞光越过山巅投在幽绿的湖面上，顿生粼粼波光，如梦幻童话。想拍摄清晨的巴松错，就要夜宿在巴松错度假村，这样才不会错过最佳时机。

>>> 焦距：25mm 光圈：F10 快门速度：1/320s 感光度：ISO 160

当光线和拍摄条件不尽如人意时，可以运用构图去改善画面效果。这幅作品采用了倒三角形构图，前景中的围栏具有强烈的形式感，令人印象深刻。中景是一大片松绿色的水域，空无一物，使观者的视线得以直接过渡到远景，袅袅烟雾在暗色针叶林的映衬下显得格外空灵，为整个画面增加了一抹画意。由此可见，构图时要适当留白，这样更有利于表现主题

2. 拍摄巴松错的黄金时间

拍摄巴松错的最佳时间是秋季，此时秋高气爽，空气通透，周边景色一片金黄，色季拉山上则满是红叶，湖景色彩缤纷。

巴松错的拍摄时间从3月份一直可延续到11月份，每个季节因气候的不同，湖面的色彩也不同。

9.2.3 色季拉山·满山满眼杜鹃花

印象　色季拉山位于林芝县以东，属念青唐古拉山脉，是尼洋河流域与帕隆藏布江的分水岭，每年五月份，高山杜鹃花就会盛开在色季拉山沿途的山上和峡谷里，色季拉山垭口最出名的景色就是那满山遍野的杜鹃花。登上海拔4728米处的山口，可观赏日出、云海、莽莽原始林海以及南迦巴瓦峰。色季拉山西坡达则村旁的苯日拉山，为西藏四大神山之一，每年都有数以万计的信徒不远千里来此朝拜，每逢藏历八月十日，还要举行一次规模盛大的转山活动，称为“娘布拉酥”（为请神求宝之意）。

交通　色季拉山位于八一镇东78公里处，318国道蜿蜒其间，交通便利，可从八一镇搭乘去往鲁朗的班车，路过色季拉山时下车。

>>> 焦距：40mm 光圈：F13 快门速度：1/160s 感光度：ISO 100

这幅作品利用道路作为主线条，将观者的视线引导向远方，空间纵深感极强；前景的经幡不但交代了藏地的宗教环境，同时也增强了画面前后的空间距离，使画面显得意境深远、层次丰富

1. 在色季拉山拍什么

● 色季拉山是拍摄南迦巴瓦峰的最佳地点，拍摄位置在山顶垭口，距山顶垭口5~6公里处可以拍摄南迦巴瓦峰和加拉垒峰。

>>> 焦距：24mm 光圈：F13 快门速度：1/125s 感光度：ISO 100

「这幅作品的得意之处在于对前景的把握，水面倒映着蓝天白云，不但增加了画面的高光区域，丰富了画面影调，同时也打破了草地单一的绿色色调，使构图元素得到上下呼应，空间结构完整」

● 色季拉山上最引人注目的就是杜鹃花，密林似海之中，在每年5~6月，漫山遍野盛开着黄色、白色、紫色、大红、浅红、粉红等颜色的杜鹃花，面积之大、品种之多、气势之壮观令人叹为观止。到了秋冬季节，一些灌木类植物则会结出鲜红的浆果，也不失为一道美丽的风景。

「使用长焦，利用小光圈，曝光补偿进行负补偿，以高光测光，压暗前景峡谷当中的树与其他画面无关的实物，从而突出画面主体——南迦巴瓦」

>>> 焦距：200mm 光圈：F5.6 快门速度：1/125s 感光度：ISO 100

2. 拍摄色季拉山的黄金时间

在色季拉山上拍摄南迦巴瓦峰，早晨为逆光，季节不同，光照方向也会有所不同，有时为侧逆光在下午拍摄时，此时的光线为顺光和侧光，直到最后一道光线收尽。春秋季节的日落时间为晚上8点整，夏季日落时间为晚上8点40分。在拍摄时建议使用70-200mm或100-400mm长焦镜头。

色季拉山是林芝前往然乌的必经之地，也是西藏林芝重要的垭口之一，由于海拔高，往往游客和摄影爱好者都会选择在这儿稍作停留，拍摄之后继续前行。

9.2.4 南迦巴瓦峰·直刺天穹的长矛

印象　南迦巴瓦，藏语意为“直刺天穹的长矛”，雄踞喜马拉雅山脉东端，海拔7782米。峰顶终年积雪，高空风造成的旗云被人们看作是神仙燃起的桑烟，若隐若现，迷幻却又庄严。据说从东边望去，南迦巴瓦峰光芒闪烁，好似万道佛光；西边山体陡峭雄伟；而南边的冰雪又像是成串的佛珠，因此被誉为“最美的雪山”。

南迦巴瓦峰地区峡谷凌厉，层峦跌起，山脚下灌丛森林密布，有几十种不同的鸟类在此栖息。七月份沿南迦巴瓦峰西侧的山麓而上，满山各式的鲜花争奇斗艳、姹紫嫣红，山脚下的鲁朗小镇周围分布着翠绿的 垒峰遥遥相对，相传很久以前他们是一对兄弟，一起镇守东南。弟弟加拉白垒积极上进、武艺高强、身体健硕，哥哥南迦巴瓦暗里十分嫉妒，因此在一个月黑风高的夜晚杀害了弟弟，而且把他的头颅丢到米林县境内，化成了德拉山。上天为了惩戒南迦巴瓦的罪过，罚他永远驻守雅鲁藏布江边，陪伴着被他杀害的弟弟。

交通　前往南迦巴瓦峰有如下两条线路：①从拉萨出发，沿康藏公路东行至八一镇，全程为404公里，再行35公里到达色季拉山，即可到达目的地。②从林芝沿尼洋河南下，经雅鲁藏布江冈嘎大桥到米林县城，行程为75公里；再从米林县城沿雅鲁藏布江东行91公里至海拔3100米的派镇；从派镇沿简易公路北上18公里，经大渡卡乡至格嘎；然后步行到接地当嘎，即可到达海拔3512米的南迦巴瓦登山大本营。

食宿　景区附近的家庭旅馆可以提供食宿，如果当天返回的话，可以住在八一镇。

◆›› 焦距：250mm 光圈：F22 快门速度：1/60s 感光度：ISO 100

南迦巴瓦峰闻名中外，层峦叠嶂，群峰林立，一缕缕飘逸的云彩缭绕在终年积雪不化的峰顶，被誉为“最美的雪山”。日落的暖色调光线照亮了雪山的峰顶，在顺光的影响下，山脊的脉络清晰而质感细腻，轻薄的云彩在山体上投下了阴影，不但与前景中的阴影形成影调上的和谐统一，同时也利用明暗对比关系强调了画面的空间透视感

1. 南迦巴瓦峰拍什么

南迦巴瓦峰的峰顶特色鲜明、形式感强、艺术效果好，因此在西藏拍摄“日照金山”主题，经常以南迦巴瓦峰作为拍摄对象。另外，南迦巴瓦峰终年云雾缭绕，拍摄时可以利用乌云或旗云营造神秘氛围，以契合南迦巴瓦峰的神话传说。以田园风光作为前景可以衬托雪山的高耸雄壮，为冷色的画面增加一丝江南的灵动。

这幅作品有着十分鲜明的画面层次，前景的草地交代了拍摄环境，中景的牛群和房屋构成画面的视觉中心，远景的南迦巴瓦峰被一团云彩笼罩着，画面的空间透视感很强。天空占据画面的三分之二面积，画面上半部分萦绕着一缕薄云，为画面增添了一丝抽象的美感

在拍摄这幅作品之前整个天空乌云密布，此时，恰好有一束光线如有神助地照射在南迦巴瓦峰顶上，而其他地方仍然是一片黑暗。在这种突发情况下，拍摄者的脑子一定要快速反应，构图也要进行大胆的取舍，千万不要刻意对照直方图去判断曝光是否准确，迅速尝试各种曝光组合是聪明的做法，这样才能拍出自己想要的理想作品。这幅作品就是摄影中典型的低调作品，配合三角形构图的应用，画面给人一种沉静、稳重的感觉

>>> 焦距：250mm 光圈：F32 快门速度：1/30s 感光度：ISO 100

2. 在什么位置拍摄南迦巴瓦峰

● 拍摄南迦巴瓦峰的峰顶，除了受天气、季节因素影响外，还有一定的运气成分，峰体终年隐在云雾之中，宛若九重天。而它旁边的加拉白垒峰峰顶是圆圆的形状，从鲁朗方向在距离色季拉山顶垭口约 5 公里处可以同时拍到这两“兄弟”。这个位置视野开阔，南迦巴瓦峰雄伟大气，但视角较平、构图单一、前景处的景物缺乏变化，需要等待特殊的光线才能拍出满意的作品。

>>> 焦距：250mm 光圈：F16 快门速度：1/125s 感光度：ISO 100

这幅作品中的色彩比较单一，画面的下半部分是黑色，上半部分以灰色、蓝色为主。如果不是光线的反射，使南迦巴瓦峰顶的那片云彩趋于暖色调，那么这张照片将是一幅平庸之作，给人留下清冷、陌生、客观的印象。拍摄时可以运用较慢的快门速度保证曝光量，同时可以虚化云彩，使之产生动感

>>> 焦距：24mm 光圈：F6.3 快门速度：1/2000s 感光度：ISO 160

藏族群众相信西藏的每一座雪山都有神灵护佑，因此满怀敬畏，经常在雪山前祭祀祈福。拍摄这类作品时，重在挖掘画面背后的精神特质，通过被摄者的面部神情和肢体动作去表现主题。从画面效果来看，扬到半空的五色纸与远处的风马旗形成色彩上的呼应关系，画面结构完整，作品的人文意境得到了提升

>>> 焦距：250mm 光圈：F16 快门速度：1/60s 感光度：ISO 100

南迦巴瓦峰被一团乌云笼罩着，一线光亮照射过来，如同利矛的峰顶闪着金光。拍摄时大幅度地降低曝光量，不但可以渲染出乌云压顶的沉重氛围，还可以突出强调暖色调的峰顶和乌云。通过改变曝光组合将作品处理为暗调作品，目的就是通过明暗反差和色彩的对比来表现南迦巴瓦峰的冷峻和神秘

● 南迦巴瓦峰下的直白村也是一个不错的取景地点，该村建有观景台，并被命名为“云中天堂”。在此处仰拍南迦巴瓦雪峰，可以灵活变化前景，每年4月份，直白村的田野上就已经盛开着大量的野桃花，为雪峰增添了一丝妩媚的韵味，美中不足的是前景的山体对雪峰有所遮挡。

>>> 焦距：200mm 光圈：F11 快门速度：1/60s 感光度：ISO100

作品的构图严谨，广角镜头的运用使画面具有较宽的视野，气势十足，同时也能适当地夸张前景，为雪山提供了充足的展现空间，使其成为画面的视觉中心，同时前景的经幡也起到了引导观者的视线至远景的南迦巴瓦峰的作用，作品的纵深感和空间感都比较突出

3. 拍摄南迦巴瓦峰的黄金时间

● 拍摄南迦巴瓦峰的最佳季节是9月至次年5月，此时空气中的水汽蒸发缓慢，容易看到雪山的真容。

● 日出前后在直白村的观景台拍摄南迦巴瓦峰，日落前守在色季拉山口等待最后一道金光照亮南迦巴瓦峰。

● 在直白村拍摄最好安排两天时间，并夜宿直白村，这样可以利用一晚一早两个最佳拍摄时间进行拍摄。

南迦巴瓦峰能看到的概率很小，有时的确需要一些运气，尤其是南迦巴瓦峰的旗云，看到的概率更小，南迦巴瓦峰的日照金山场景同样很难拍到。建议大家尽量3~5月和9~11月前往，这两个时间段看到的概率会大一些，当然这不是绝对的。

9.2.5 雅鲁藏布大峡谷·最深的藏地秘境

印象 雅鲁藏布江发源于喜马拉雅与冈底斯山脉之间的杰玛央宗冰川，为世界上河流的海拔之最，也切断出了世界上最长、最深的大峡谷。雅鲁藏布大峡谷区域的海拔高度为 200 ~ 7782 米，垂直气候带分布明显，从高寒带直到亚热带等多种气候类型并存，即使在同一个季节里，各地的气候也千变万化。

雅鲁藏布大峡谷景区位于米林县派镇，从八一镇开始，经尼洋河与雅鲁藏布江交汇处到大峡谷拐弯，全长 130 公里。景区的河谷风貌变幻多彩、雪山景观独具一格，雅鲁藏布江沿着喜马拉雅山脉向东奔涌而去，在南迦巴瓦峰下转了一个著名的马蹄形大拐弯，峡谷和水流从这里开始由狭窄湍急变得平缓宽阔，从而形成了独一无二的壮观景象。尽管雅鲁藏布江流域的大拐弯并不在少数，但如此气势磅礴的拐弯显然极具拍摄价值。

交通 前往雅鲁藏布江可以坐旅游公司的巴士从林芝到雅鲁藏布江渡口坐船，沿着雅鲁藏布江河谷直上，一边前行一边观赏，到达派镇可以原路返回，也可以从拉萨乘坐班车或包车到达林芝的八一镇，第二天从八一镇乘车，经色季拉山口，在拍摄完南迦巴瓦峰和鲁朗林海后，到达雅鲁藏布大峡谷入口的排龙。之后可雇请当地门巴族或珞巴族向导和背夫，由排龙徒步到扎曲，全程约 36 公里，通常需要两天。如果从玉美村开始徒步，则只需大半天时间就能抵达扎曲村。

食宿 如果坐船一般游览时间为两个小时，中午在渡口处吃午饭，如果在扎曲村住宿，一般需要在村中的平地上搭帐篷宿营。

门票 雅鲁藏布大峡谷门票价格根据季节不同从 380 元到 500 元不等，入口段观光车费为 50 元，餐费为 30 元，套餐为 580 元。

>>> 焦距：22mm 光圈：F11 快门速度：1/400s 感光度：ISO 100

斜线构图使作品的空间感较好，广角镜头夸张了部分前景，增强了画面气势。整个画面以大地色为主色调，山峦、江面和前景的沙地无一不是，交代了雅鲁藏布江的周边环境，给人一种苍凉原始的视觉感受。前景中的几棵绿树打破了整体单一的色彩，起到了点缀画面的作用

1. 在雅鲁藏布大峡谷拍什么

事实上，雅鲁藏布大峡谷是一个很宽泛的概念，且路途艰险，因此很难通过摄影手段表现出它的全貌，我们在计划这条旅游线路时，只需要表现比较典型的流域和景色即可。如果各种条件允许，一定要拍摄雅鲁藏布大峡谷的马蹄形大拐弯，此处水流由湍急狭窄变为平缓宽阔，景致神奇，气势恢弘。雪山和江面也是最常拍摄的景致，洁白的雪峰倒映在湛蓝的水面上，有一种中国画的清幽意境。此时若有古老的牛皮筏划过水面，一定不能错过机会。

Tips

排龙一带的居民均为门巴人和珞巴人，他们有自己的语言，但没有文字，通用藏语、藏文和藏族历书。门巴人和珞巴人相信万物皆有灵，因此有很多民族禁忌。在这一带拍摄时最好请当地人做向导，以免引起冲突。

››› 焦距：100mm 光圈：F8.0 快门速度：350s 感光度：ISO 100

雅鲁藏布江的江域宽广，拍摄时可以选择广角镜头去夸张表现画面的气势，也可以使用长焦镜头去截取兴趣点集中的区域。在这幅作品中，江面上有一只牛皮筏，与辽阔的蓝色江面形成对比，成为了画面的趣味中心。中景处形状抽象的沙地为整个画面带来了活力，同时也有利于画面层次的过渡。拍摄时可以使用偏振镜消除水面的反光，以增强水面静谧的氛围

>>> 焦距：14mm 光圈：F11 快门速度：1/500s 感光度：ISO 200

这是雅鲁藏布江，江面十分开阔，运用广角镜头俯拍可以获得更宽广的视野，画面的气氛较大，在构图时把人物放在画面的右边给作品增加生命力，为平淡的画面带来视觉变化，在曝光是适当的减曝，突出明亮的江面，也使得江水色彩更蓝，渲染出静谧、和平的画面氛围！

2. 在什么位置拍摄雅鲁藏布大峡谷

实际上，雅鲁藏布大峡谷的范围很广。要拍摄雅鲁藏布大峡谷最美的马蹄形大拐弯，必须深入峡谷腹地。在雅鲁藏布大峡谷的中心，有个只有十余户人家的扎曲村，村子建在山腰处高高的平台上。这里坐北朝南，背靠山势雄壮的苍茫青山，南眺咆哮而去的大浪滔滔，扎曲村南面有一处约 300 米高的山崖，此处是欣赏和拍摄扎曲马蹄形大拐弯的最佳位置。徒步往扎曲村的途中可以拍摄原始森林中的门巴族村落和门巴族姑娘。还可以从波密进入墨脱，在途中拍摄雅鲁藏布江大拐弯及大峡谷的风光。

如果选择徒步拍摄马蹄形大拐弯，则应该考虑摄影器材负重的问题，建议携带全画幅相机，最好再带一台便携的 DC 卡片机，以便在徒步途中捕捉精彩的瞬间。景区新增了坐船游览雅鲁藏布江的服务项目，比车行和徒步更省时，但 450~580 元的船票，大多数人觉得有些贵。

顺光的应用为作品提供了绝佳的照明，明暗反差恰如其分地表现了远景山峦精致的细节。拍摄时适当地进行曝光负补偿，获得了丰富的影调变化，使雅鲁藏布江的水面不再流于普通，凸出水面的沙地呈现出琥珀色，也具有较好的立体效果，显得妙趣横生，成为画面的视觉中心

拍摄这幅作品时天空阴沉、云层厚重，光线呈散射状，大气能见度较低。整个画面由近及远，景物的色彩越来越淡，而且清晰度也逐渐降低，这是由大气透视特性决定的。前景的植物是一片鲜艳的翠绿，雅鲁藏布江的水色是比较清淡的松绿色，而远景的天空则呈现更浅的灰白色，以此划分出了这幅作品的画面层次

3. 拍摄雅鲁藏布大峡谷的黄金时间

拍摄雅鲁藏布大峡谷应避开每年7、8月的雨季，此时江水暴涨、水流湍急、水色黄浊。等到9月初雨水就会减少，适合前往拍摄，此时路况较好、空气通透、画质出色。另外，每年4、5月期间，雅鲁藏布大峡谷两侧绿林葱茏，峭壁上各种野花点缀其间，景色相当宜人。就拍摄效果而言，一天当中以早晚的光线为佳。

9.2.6 鲁朗·林海莽莽

印象 鲁朗，藏语意为“龙王谷”，也是“叫人不想家”的地方，海拔为3700米，位于距八一镇80公里左右的川藏路上，是色季拉山下一个以林区为主的旅游点。这是一片典型高原山地草甸狭长地带，草甸整齐划一，溪流穿越草甸曲折蜿蜒而过，花团点点，色彩斑斓；鲁朗林海便在这两侧青山之间由低往高延伸。木篱笆、藏式小屋、雪山和林海共同描绘了一幅恬静、优美的“山居图”。山间的云雾时聚时散，雨过天晴之后就会看到彩虹遥遥地挂在林海之上，是难得一见的美景。

交通 从八一镇到鲁朗林海大约85公里，可以坐班车前往，车费为70~80元/人；如若可能，建议尽量包车前往，以方便拍摄沿途风光。

食宿 鲁朗的大街上有很多饭馆，其中大部分是川菜馆，也有部分清真菜馆，大名鼎鼎的鲁朗石锅鸡不可错过，小镇上的公路两旁有十几家专门经营石锅鸡的餐厅，每锅的价格大约为200元，可供4～6人食用。可住宿在饭馆楼上的房间，床费为15元/人。鲁朗东久林场小镇路口有一家条件不错的招待所，房费为120元，小镇上的很多餐馆也设有专门招待过路司机的床位和小房间，每天的床位费为25元。进入龙王谷游玩，一天可以往返，如果有特殊情况可在当地门巴人的木屋里留宿。

门票 鲁朗贡错湖景区的票价为10元/人，观景台的票价也是10元/人。

焦距：250mm 光圈：F16 快门速度：1/30s 感光度：ISO 100

这幅作品采用斜线构图法截取了林海的一角，拍摄时由于选择了天空中的云彩作为测光点，使林海呈现为剪影效果，从而突出拍摄主体的线条和轮廓美。在整个画面中，构图元素只有林海、云彩和一个月亮，画面简洁而富有意境，给人一种空旷寂寥的视觉感受，容易引起观者的情感共鸣

1. 在鲁朗拍什么

在鲁朗拍摄时，广袤的林海绝对是主要的拍摄内容。神秘的原始森林会在不同光线下呈现出各种光影效果，若选择早上去拍摄，云雾会笼罩在似海的密林之上，画意十足。此外，鲁朗的田园风光也十分优美，森林之间镶嵌着一块块翡翠似的田地，牛羊成群，野花缤纷，拍摄时可以利用该地区常见的栅栏去划分画面结构。

画面采用了经典的对角线构图形式，侧光的运用提升了树木的质感，画面十分通透。在曝光时要以亮部为曝光基准，使山体的阴影部分因为曝光不足而被压暗，从而突出主体。对角线构图和准确曝光使这幅作品具有了一种灵动的韵律感，整个画面都洋溢着盎然生机

>>> 焦　　距：145mm　光　　圈：F11
快门速度：1/20s　感 光 度：ISO 100

鲁朗的民居大多倚山而建，侧光的运用使之立体感更强。拍摄时将五色风马旗作为前景，稳定了画面结构，同时也增强了画面的层次感。适当减少曝光量可以提高色彩饱和度，平衡了画面的明暗反差

>>> 焦距：70mm 光圈：F11 快门速度：1/100s 感光度：ISO 100

2. 在什么位置拍摄鲁朗

● 鲁朗的晨曦云雾缭绕，林海与云雾仿佛构成了一幅水墨画。拍摄时可以尝试采用黑白画面来表现意境，最佳的拍摄位置是鲁朗沿途的观景台。

在拍摄云雾作品时，需要一个暗调的构图元素作为前景，因此通过减少曝光量使林海呈现剪影效果，以凸显其轮廓美，也增加了画面的艺术气息。暗调前景衬托了云雾的洁白，同时也使画面具有明确的层次感

››› 焦距：250mm 光圈：F11 快门速度：1/125s 感光度：ISO 100

● 公路边是拍摄鲁朗田园风光的最佳位置，这一带的村落外围都有木栅栏，可以利用这些线条来分隔前后景。牛羊、藏式民居是画面中不可缺少的元素，使用广角镜头拍摄田园风光时要注意画面的层次。

整个画面以绿色为主色调，侧光的运用使画面中的民居和山峦拥有明显的亮部和暗部，影调灵动。在测光的基础上减少0.5EV曝光可以准确还原景物的色彩，田园风光的葱茏、生机都将得到较好的体现。山峦的平行线条为作品增加了节奏感和韵律感，画面结构紧凑。山坡上的那座五彩经幡增强了整个作品的人文韵味，令人印象深刻

››› 焦距：183mm 光圈：F8.0 快门速度：1/200s 感光度：ISO 100

>>> 焦距：40mm　光圈：F11　快门速度：1/160s　感光度：ISO 100

「这是在鲁朗小镇上遇见的温馨场景，孩童们面对外来的游客或摄影师时会流露出一丝拘谨的神情，若利用长焦镜头抓拍正在嬉戏的藏族孩童，则可获得比较自然的画面效果。在拍摄时，顶光的运用使画面的色调呈现出一种活力洋溢的和平气息，画面色彩明快。在构图时将三个藏族孩子放在画面的黄金分割点上，使其成为画面的绝对视觉焦点；同时远景中树林的垂直线条为呆板的画面增加了趣味性，点状的羊群则起到了点缀画面的作用，将田园生活的闲适和随和表现得淋漓尽致」

3. 拍摄鲁朗的黄金时间

春、夏、秋三季都是拍摄鲁朗的好时机。春夏时大片的杜鹃和各种不知名的野花盛开，如茵的草甸上不再只是单调的绿色；而秋天除了针叶林外，大部分的树林都开始变成绛黄色，此时应该寻找颜色对比强烈的前景来凸显画面的层次。

站在鲁朗林海的路边即可拍摄到林海和雪山，还有藏族群众沿途垒的玛尼石，只要细心观察，相信必定会拍出更多的优秀作品！

9.2.7 波密·色彩斑斓的田园

印象　波密县位于西藏东南部，地处念青唐古拉山与喜马拉雅山交界处。这里周围雪山高耸，山脚下琥珀如点点玉盘，是我国最大的海洋型冰川——卡钦冰川的发源地。整条冰川长达 19 公里，面积约 90 平方公里。波密平均海拔为 4200 米，而县城所在地扎木镇的海拔只有 2750 米。波密境内原始森林和溪流交错，还有翠竹点缀，更有百里桃花林相称，一块块良田好似翡翠镶嵌在波密的村落里，不远有直耸云霄的雪峰守护着这方水土，风光旖旎、妩媚，素有“西藏江南”之称。

如果说前往鲁朗必观林海，那么波密的桃花绝对不可错过。阳春三月，桃花竞相绽放，芳香弥漫数里，一眼望不到边；桃林枝桠错综，桃枝上全是密密匝匝的桃花。远观时好似粉艳艳的霞光涌动，近赏则花瓣薄如蝉翼，好似一片片胭脂，将这田园晕染得仿佛置于云端。由于波密气候温和、阳光明媚、雨水充沛、土地肥沃，这一切都成为桃花成长的温室，再加上波密人民的精心呵护和栽培，波密桃花的花朵相较其他地区的桃花便丰腴许多。波密桃花终年沐浴在众多冰川和雪山的圣水之中，汲取着母亲河帕隆藏布江的恩泽，因此色泽艳美。每逢盛开之时，漫山遍野的桃林中，白色的桃花圣洁如雪，粉红的桃花则娇羞似少女，所以波密桃花以数量多、花瓣大、颜色种类齐全、色泽鲜艳而著称于世。

除了桃花本身，在波密赏桃花还有一景，那便是“桃雪争春”。每年三月底至四月底，桃花已经开苞吐蕊，其间或还有些花骨朵俏立在枝头，此时如果赶上波密下雪，则别有一番美景。雪绒在空中悠扬地打转儿飘落，轻轻荡在桃花瓣上，好似温柔的情人在抚吻。眼前的景致慢慢被白雪覆盖，唯有桃花的色彩点缀其间，粉色的桃林上落着一层白雪，远远观看竟似一团云雾笼罩着，宛如童话梦境。

交通　无论选择哪种出行方式，都不建议在每年 7、8 月份自驾车沿着川滇藏线路进入波密路段。此时为西藏的雨季，318 国道沿线经常出现滑坡、塌方、泥石流等事故，这期间自驾车很容易被困途中。而其他月份可以自由通行。

从拉萨到波密可以包车前往，往返时间为 3 天，费用大约是 2000 元，这样可方便沿途美景的拍摄。每天有从八宿、林芝开往波密的班车，上午 10 点发车，票价为 80 元 / 人，波密客运站在县府驻地——扎木镇的扎木西路上。

食宿　波密县城在扎木镇，海拔约 2720 米，在藏东一带属于条件较好的县城，街道干净、整洁，是川藏线一个难得的休闲之地。县城内条件较好的宾馆有波密大酒店、明珠宾馆、雪域楼大酒店、交通宾馆等，均有带卫生间的标间，另外还有一些低价位的招待所，波密街上（广场附近）有公共浴室。波密的餐馆以川味为主，价格比藏东其他地方便宜。

焦距：90mm 光圈：F45 快门速度：1/8s 感光度：ISO 100

拍摄时利用宽画幅及广角镜头将周边环境和大片的桃林同时摄入画面，一方面增加了作品的气势，另一方面做到了“以景衬花”，利用青稞的大面积绿色去衬托桃花的粉艳，整个画面的色彩鲜明、活泼

1. 在波密拍什么

前往波密拍摄最好多带几款镜头，长焦、广角甚至微距镜头都有用武之地。在波密境内，一些田园和村寨的山坡上生长着许多灌木丛和杨树，每年 3、4 月份是波密的桃花盛开的季节，是摄影人一个黄金拍摄期；到 9 月份以后进入金秋时，各种树木和植物的色彩缤纷绚丽，与远处隐约可见的洁白雪峰相映衬，景色绝佳，仿佛一幅浓墨重彩的西方油彩。其实，在波密可以拍摄的内容与川藏线、滇藏线上的风景别无二致，大多是河流、村庄、树木、田地、牛羊组合而成的风光，但波密桃花是其他地方无法媲美的景致。因此，建议前往波密拍摄时将大部分精力用于拍摄花卉，这是西藏地区十分难得的花卉素材大本营。

焦距：40mm 光圈：F7.1 快门速度：1/800s 感光度：ISO 200

拍摄这幅作品时乌云密布、暴雨将袭，在这种光照条件下，对着藏式民居的彩色屋顶测光得到了准确的色彩还原。在选择拍摄对象时，大多数红色屋顶与一个蓝色屋顶相配合，不但有了视觉上的差异，同时也为画面增加了冷暖色调的对比，画面效果出色。前景中几块散乱的大石头增加了画面的层次感，使作品具有完整的前景、中景和远景，作品的纵深感很强

波密的桃林漫山遍野，甚至在藏族群众的院子里也是随处可见。在柔和光线的影响下，藏式民居上的红色油漆反射着明亮的光泽，桃花的色彩鲜艳、轻快，质感薄如蝉翼，十分通透。这幅作品以藏式民居为背景，一方面是利用藏式木窗具有的艺术性为整个画面提供视觉上的焦点，另一方面搭建墙体所用的木头会呈现出一系列的平行线条，在前景桃枝较多的情况下，可以利用这种规律而有序的线条来平衡一下视觉感受

>>> 焦距：105mm 光圈：F6.3 快门速度：1/100s 感光度：ISO 100

2. 在什么位置拍摄波密

● 波密的田园风光极美，与其他河谷平原的田园风光相比，这里的景色极为灵动。在3、4月份，主要拍摄点有桃花沟、岗乡自然保护区、松宗神山、旮旯湖、老树桩等；而在其他季节，可以拍摄四周高耸的雪山包围着的小村庄，粉色的桃林、金黄的油菜花、绿色的青稞田描绘着一幅色彩艳丽的图画。几百公里的桃林，不论是远景还是特写都显得十分浪漫。

>>> 焦距：310mm 光圈：F8.0 快门速度：1/320s 感光度：ISO 100

整个画面构图要素相当丰富，画面的前景水平排列着一排白色风马旗，一丛丛桃花环绕着画面正中间一座红色房屋，很容易导致主体地位不明，因此在构图时采用了中规中矩的构图方式，将被摄主体放在画面的正中央位置，一方面利用色彩对比突出了主体，红色房屋的形状并非对称，打破了画面绝对对称的呆板。准确曝光使画面的色彩十分鲜艳，给人一种清新怡人的视觉感受

桃花的花瓣通常较薄，透光性较好，因此拍摄时运用逆光可以强调花瓣的通透质感和形态，同时也可以使画面的色彩更加鲜艳。拍摄时利用大光圈将背景中的杂乱枝条全部虚化，突出了拍摄主体的轮廓和线条，画面具有十分强烈的形式美感

>>> 焦　　距：400mm
光　　圈：F5.6
快门速度：1/320s
感 光 度：ISO 100

● 波密的热巴舞闻名全西藏，歌声高亢，曲调动人，舞姿刚健有力，可以拍出很有特色的人文作品。另外，在距离波密30公里左右有一间寺庙叫巴卡寺，此处风景极佳，经常有年轻的僧人在附近练习金刚法舞，热衷于拍摄人文题材的影友可以前往拍摄。

>>> 焦距：40mm 光圈：F11 快门速度：1/125s 感光度：ISO 100

顶光的运用将被摄人物的面部和神态很好地表现出来，深深的皱纹有助于人物性格的刻画。使用大光圈虚化了人物手中的转经筒，记录了动感的瞬间，使画面显得更加生动。背景是大面积的五色经幡，不但交代了拍摄环境和宗教信仰，同时也使这幅作品的人文氛围得到了提升

● 在距波密县城大约40公里的松宗乡，能够看到许许多多高耸的雪山，这一带雨水较多，如果天气晴朗，在早上6：30左右一定能拍到巴登拉姆雪峰的日出，傍晚则能拍到松多巴热和念波茶热神山。另外，在沿途可以拍摄田野、村庄、河流等。

● 出波密县城往林芝方向走，在一片美丽的田园中有几棵造型优美的高大树木，不远处的帕隆藏布河滩上有一些怪树桩，此处很值得精心拍摄。在这个位置拍摄时，主要应注意画面构图和色彩，即便是阴天或在顶光照射下，也能拍到好照片，因此不必强调早晚光线。

这幅作品的成功之处在于将点、线、面三者充分结合，每一颗垂直于画面的柳树都是独立存在的“点”，在以黄色调为主的画面中起到了色彩点缀的作用；河流的曲线不但丰富了画面内容，增强了背景空间的韵律感和节奏感，同时也使画面具有较强的空间感；黄色河滩所构成的“面”则交代了作品的拍摄环境，较大的地面环境也提升了作品的气势。整个画面的构图要素丰富而和谐，整体色彩也十分协调

3. 拍摄波密的黄金时间

除了 3 月外，9-11 月初也是拍摄波密的好时节，此时层林尽染，雪山、田野、河流等各种景致拼接成斑斓的色块，风景极为秀美。

第 10 章
昌都地区摄影旅游攻略

10.1 藏东明珠——昌都旅游攻略

››› 焦距：50mm 光圈：F16 快门速度：1/125s 感光度：ISO 100

川藏线大多以崇山险岭的原始景致为主，沿途江河奔涌，峰林浓密，风光雄壮。拍摄这幅作品时采用了典型的开放式构图法，画面的视野开阔，给人一种坚固、稳定的视觉感受，表现了昌都地区客观、原始的自然美。适当降低曝光量压暗了两边的原始森林，突出了波浪翻涌的大江，画面动静结合，空间立体感较好

10.1.1 旅游·昌都

昌都县位于西藏东部，藏语意为“水汇合处”，境内有金沙江、澜沧江、怒江三江并流。昌都镇处在川、滇、青三省商贸往来的枢纽地位，作为古时候茶马古道的重要驿站，素有“藏东门户”的盛誉。

昌都县的东南便是南北走向的横断山脉，西北则是青藏高原的边缘地带，地势北高南低，东西呈“W”形。最高海拔6100米，最低海拔2900米，境内地形复杂多样，山体垂直落差大，沟壑密布，山岭陡峭，令人敬畏。昌都城镇被高山包围，依偎在河流边，兼具“山城”的险要和“江城”的秀美。昌都有类乌齐马鹿自然保护区、长毛岭马鹿自然保护区和芒康盐井金丝猴自然保护区，有野生马鹿、滇金丝猴、云豹、金钱豹、虹雉、小熊猫、林麝、豹猫、斑羚、水鹿等多种国家一级珍稀野生动物。属国家重点保护的野生珍稀植物有云南黄连、澜沧黄杉、油麦吊杉、红豆杉等。

康巴文化是从康巴地区的中心昌都发展起来的，康巴地区的25座神山大多都在昌都境内。“康巴人”、“康巴汉子”就是对这里的藏族同胞的称谓,这里人文风格独特，宗教色彩浓厚，康巴汉子性格豪爽，为人热情，忠诚信义，勇敢无惧。这里的康巴文化具有丰厚的内涵和底蕴,在语言、服饰、宗教、民俗、民居建筑、民间文化等方面都区别于其他藏区。

距离邦达机场较近的昌都各地可以一年四季前往，其他地方因处于高山峡谷区，11月至次年1月大都大雪封山，而7-8月雨季时泥石流和塌方较多，因此每年的3-6月和9、10月是去昌都地区旅游的最佳时间 。昌都地区气候多样，素有“一山有四季，十里不同天”之说。这里干湿分明，夏季晚上常下雨，冬春两季风较大，要注意保暖。常年平均气温在7 ~ 8℃，但日照时间长，太阳辐射也较强，昼夜温差大，年温差小。

10.1.2 昌都交通

214国道贯穿昌都地区，可包车或者沿214国道分别按段乘坐班车。昌都与拉萨相距1000公里，由于路况较差，车程大约四天三夜，可根据人数和道路情况确定班次，一般周六发车。如果有超过20人同行且道路状况理想，可联系客运站临时安排发车。从芒康到昌都约434公里，票价为150元/人，中途在左贡停留；从芒康到八宿大约265公里，票价为70元/人；从昌都到类乌齐大约105公里，每天早9：20分发车，票价为50元/人。有时班次不固定，需要向当地人打听。

10.1.3 昌都食宿

在昌都可以吃到诸如酥油茶、糌粑、风干肉等传统藏族食品,也可以吃到很多川菜，主要还是以藏族风格为主。

昌都城在西藏相对比较发达，因此有不同标准的住宿点可供旅行者选择。宾馆和招待所的房费普遍在20 ~ 100元不等，较好酒店的房费在80 ~ 300元之间，大多有独立卫生间。昌都饭店是昌都唯一的一家三星级酒店，档次较高。

10.2 昌都地区主要景点摄影攻略

>>> 焦距：105mm 光圈：F10 快门速度：1/320s 感光度：ISO 100

清晨，然乌湖中央的小村落飘起了阵阵炊烟，在风的作用下炊烟萦绕在空中，画面宛如仙境。由于拍摄时是早晨，色温较高，因此把白平衡改为荧光灯模式，使拍出的画面有一种静谧、神话般的感觉，画面意境深邃。在构图时，利用水中的倒影将画面制造成上下、左右的对称结构，画面均衡而不失灵动，前景的几株小树增强了画面的空间感

10.2.1 然乌湖·藏地蓝宝石

印象 然乌湖位于昌都地区八宿县往拉萨方向90公里的川藏公路旁，是雅鲁藏布江支流帕隆藏布的主要源头，湖面海拔3807米，长约26公里，湖面宽度为1 ~ 5公里，整个然乌湖由两部分组成，即东面的然乌湖和西北面的安目错湖，两处之间为沼泽和季节性水道。然乌湖是200年前由山体滑坡和泥石流堵塞河道而形成的堰塞湖，湖中极少看到枯枝杂物，湖水静谧幽蓝。湖畔的景色瑰丽动人，春天时草长莺飞，杜鹃花儿漫山遍野地开放，湖水刚刚消融，呈现出一派生机；夏天时田园风光盛极一时，一道道木栅将小村庄分割成不同的形状，岸边树影婆娑，时而有白色水鸟嬉戏觅食，不远处的雪峰终年闪耀着银色光泽；半山腰的茫茫林海在入秋以后就染上了红色的秋霜，清晨的阵阵薄雾弥漫在湖面上，为然乌湖蒙上了一层神秘的面纱。随着四季变换，然乌湖的湖面有时候是碧蓝色，有时候又成了青绿色，加之河道中不时有隆起的石块和小岛，看上去真如蓬莱仙境。著名的来古冰川就在然乌湖的北边，冰雪融化之时，潺潺雪水流入然乌湖，使然乌湖生机活力永存。

交通 然乌湖距离八宿县城89公里，距离波密县城127公里，来往车辆频繁，搭便车很容易。另外，然乌镇不能加油，建议自驾车游客在八宿加满油。

食宿 然乌镇是川藏线上重要的食宿点，但多数旅馆条件一般，只有几家条件较好。

然乌运输站招待所位于然乌运输站内，大部分过路的司机也在此住宿，因此你可以很方便地打听到许多路况和车辆信息。

去然乌湖旅游，一定不要忘了品尝一下当地的饮食，在当地除了可以吃到传统藏餐外，在万古的岁月中，然乌人还流传下来了独一无二具有地方特色的饮食文化，如虫草炖鸡、贝母炖鸡、酥油糌粑鱼汤、生肉酱等。然乌镇上有数家川菜馆，由于位置较偏僻，因此饭菜都不便宜。

1. 在然乌湖拍什么

然乌湖的湖面如镜，岸边林木葱茏，清晨时分会有阵阵薄雾飘荡其间，风光秀美。如果选择登上附近的山峰拍摄，就可以居高临下地欣赏更宽视野的自然美景，翠绿的青稞田形成了一个个整齐划一的色块，岸边生长着各种灌木和野生花卉，色彩缤纷，水天一色。位于然乌湖西北部的安目错，岸边的田园风光是很好的拍摄题材，还可以深入村庄去拍摄一些民俗风情的照片。

多数摄影人通常都把然乌湖纳入川藏线的拍摄计划，如果因为行程较紧或者恰逢雨季路况不佳的话，可在公路旁选择合适的角度取景，拍摄完成后继续赶路。然乌湖畔多为沼泽地和松软的沙地，背着摄影器材时一定要注意安全，务必穿一双高帮的防水鞋，以方便在近水处拍摄。

>>> 焦距：21mm 光圈：F11 快门速度：1/80s 感光度：ISO 100

冬雪飘飘，赋予了然乌湖十分浓郁的浪漫气息。雪天的能见度很差，画面的空间感较弱，因此要选择近景或中景别的景物作为前景去表现。这幅作品利用搭建前景的构图方法使观者的视线得以延伸，增强了画面的纵深感。画面清晰的轮廓与朦胧的远景形成明显对比，利用空气透视特性成功地划分了画面层次。1/80s 的曝光时间使雪花在画面中形成一条条明亮的线条，不但使画面产生动感，同样也改善了雪天的平淡画面

2. 在什么位置拍摄然乌湖

● 拍摄然乌湖晨曦要从然乌村沿着然察公路向察隅方向行约 5 公里，有一个突出的半岛，选择较高的拍摄位置就可以拍到然乌湖对面的德姆拉雪山倒映在湖中的画面。在此处拍摄必须在早上 6 点半之前赶到，早晨的光线为侧光，雪山山体正好受光。傍晚的光线属于大逆光，不宜拍摄。

运用早晨的光线拍摄，光照柔和。以雪山为测光基准并曝光，可将中景的山体压暗，从而使拍摄主体显得更加突出。在构图时采用了风光摄影经典的三分法构图，让天空占据整个画面的三分之一，然乌湖及雪山占三分之二，这是由表现主题决定的

● 拍摄然乌湖日落要前往3公里外的瓦村，此处有一小山丘，站在山丘上俯拍瓦村和然乌湖是非常好的制高点，此处可以拍摄然乌湖畔的田园、湖水和远处云雾缭绕的雪山，尤其是夕阳西下时，色彩异常丰富。

拍摄这幅作品时处于侧光，由于地域特征的影响，不同方向的山体受光情况不同，因此画面远景的山体尚未被照亮，就形成了整个画面中相对冷色调的区域。然乌湖的水面正好反射着橙色的光线，与岸边青稞田的翠绿色形成了色彩对比，降低半挡到一挡曝光量可以提高色彩饱和度，使画面的色彩更加鲜艳。整个画面充分利用了冷暖色调的对比与和谐，同时然乌湖不规则的湖岸线打破了画面的呆板格局，画面气氛鲜活、灵动

● 然乌湖畔的青稞架已经成为然乌湖摄影的一个小标识了，在瓦村公路旁，路边不远处随意堆放着一些晾晒青稞的架子，早晚的侧光照过来时会形成非常美丽的光影效果。

这幅作品的出色之处在于画面的光影效果。拍摄时机的把握非常到位，局域光恰好打在青稞架上，在整体暗调的画面中起到了突出画面主体的作用。作品的影调范围十分丰富，不论是地面上堆着青稞架的高光区域，还是山体、植物等暗部的细节，都得到了较好表现，画面层次十分细腻。在测光时对准画面亮部测光并降低半挡曝光量，可以突出画面的明暗反差，增强局域光的光影效果

>>> 焦距：250mm 光圈：F16 快门速度：1/125s 感光度：ISO 100

● 拍摄然乌湖的全景可以到湖边的山坡上，湖东侧小山上的休登寺也是一个不错的取景地点。

● 安目错的出口处水流湍急，从此处流出的湖水形成的河流就是雅鲁藏布江的支流帕隆藏布。两岸是茂密林海，河中怪石嶙峋，对岸有高耸的雪峰，由于早晚均为侧光，所以此处的拍摄受天气、时间的影响不大。阴天或雨雪天气可以尝试拍摄黑白照片，同样能拍到满意的作品。

>>> 焦距：65mm 光圈：F11 快门速度：1/100s 感光度：ISO 100

冬雪过后，空中弥漫着冷雾，万事万物都笼罩在一层纱之中，意境梦幻。雪景属于高调作品，画面以白色、灰色为主，因此在构图时应当点缀部分黑色或色彩较为浓郁的元素。在拍摄这幅作品时，利用广角镜头的成像特性使前景的石头得到一定的艺术夸张，裸露的黑色部分与白雪覆盖的部分形成了强烈的视觉反差。在曝光时以白雪为测光基准并适当增加曝光补偿，拍出了白雪和雾气纯度都很高的效果

● 安目错旁有一个藏族村寨叫“瓦村”，湖边的田园中耸立着一排排堆满草垛的晒架。此处的民居具有典型的藏东南林区特征，大量采用木材建造，连屋顶都是用木材铺就。一早一晚和上下午的侧光下，青稞架和瓦村的村庄是大家必拍的景点，在袅袅炊烟升起时，整个村落弥漫着浓郁的藏家风情，是拍摄人文景观的好地方。

晨曦、薄雾轻起。拍摄这幅作品时利用侧光照亮了雾层，质感轻透、柔和，对于划分画面层次起到了很好的作用，从前景的黑色到中景的灰色，再到远景的浅灰色和白色，影调细腻而丰富，给人安静、柔和的感觉

● 距离然乌镇大约 90 公里的察隅县古玉乡风景优美，宛如世外桃源。村庄的房屋均为木板结构，一道道栅栏将绿色田园围将起来，藏东所特有的野桃花枝繁叶茂，每年 4 月就会盛开一丛丛粉色桃花，在雪山的映衬之下显得分外妩媚。在此处拍摄时要注意构图的紧凑性，协调好树木、房屋、田园、雪山等景物的主从关系。

这幅作品主要利用山体、青稞地和桃花三者之间的色彩差异，同时配合斜三角形构图来表现画面的层次感。运用侧逆光拍摄可使桃花和青稞呈现十分通透的质感，色彩明快，给人留下愉悦的印象

3. 拍摄然乌湖的黄金时间

虽然然乌湖一年四季皆美景，但相对而言，最佳拍摄时间是每年的 3~5 月和 9~12 月，这时的然乌湖雪山倒影清晰，湖水湛蓝，是旅游和摄影的最好时机，请大家不要错过！

10.2.2 米堆冰川·世界上海拔最低的冰川

印象　从波密县向东行驶 110 公里便到了米堆冰川，米堆冰川地处藏东南的念青唐古拉山与伯舒拉岭的接合部，雪光笼罩，风景奇美，是西藏最主要的海洋型冰川、中国三大海洋冰川之一，也是世界上海拔最低的冰川。说到米堆冰川的成因，还要从其地理位置说起，由于念青唐古拉山与伯舒拉岭是一系列东南走向的高山，西南季风从印度洋而来，沿着雅鲁藏布江和察隅河谷北上，深入高山峡谷的同时带来了大量降水，于是在米堆村庄后面的一座海拔 6385 米的雪峰周围诞生了米堆冰川。林海与繁华交错，而冰川的下段却是针阔叶混交林带，发育完全的弧拱结构好似一条从山上蜿蜒而下的银龙，雪崩频繁，冰瀑震撼，发出直震云霄的轰隆声，是不可多得的景观，因此米堆冰川被誉为中国六大最美的冰川之一。

由于这里海拔不高、温暖多雨的缘故，村子周围除了肥沃的耕地就是茂密的森林。

交通　米堆村位于然乌镇与波密县城之间，虽然米堆在行政区划分上属于波密县，但是距离然乌镇更近，越野车可以从然乌镇一直开到米堆冰川，拍摄后可以当晚回然乌镇住宿。建议春秋时间前往。

门票　米堆冰川景点的门票为 50 元 / 人。

>>> 焦距：17mm 光圈：F10 快门速度：1/60s 感光度：ISO 160

拍摄此类有天空倒影的作品时，一定要注意控制画面的反差，切忌水面过曝而失去细节，尽量选择低照度环境或者天空有云彩的时候去拍摄。这幅作品利用经典的三角形构图保证画面的稳定性，从左端延伸进来的围栏以斜线的形式出现在画面中，有效地分割了画面层次，引导观者的视线由前景过渡到远景的雪山，画面的空间感很强烈。作品的前景、中景和远景的受光情况恰到好处，明暗配置合理，使用广角镜头让前景的一片水域显得十分开阔，在没有光线直射的情况下吸收了天空的亮光，令作品的影调范围得到扩展。水面映射着天空，形成一种虚幻的超现实风格，整体冷色调则传递给观者一种冷静、神秘的视觉感受

1. 在米堆冰川拍什么

● 米堆冰川下面就是米堆，这是一个传统的藏式村落。冰川末端冰湖和米堆的农田、村庄共存。米堆的藏屋很有特点，大多为两层，第二层有一半是晒台，晒台上支起的木杆上晒着小麦和青稞，每家的院子足有篮球场那么大，生长着高大的乔木，树旁插着彩色风马旗，迎风猎猎作响，拍摄冰川时可以此为前景。

藏屋极具特色，除了建筑结构区别于内陆地区之外，还表现在对色彩的把握。画面中的藏屋绘有十分精美的装饰图案，门楣、木窗、柱子无一不是藏族群众的"画布"。拍摄此类作品时，可以选取不同的拍摄角度和景别用于表现整体风格或局部细节。由于拍摄时天气较为阴沉，因此适当地增加了曝光补偿，使画面的色彩更加明快、艳丽

››› 焦距：23mm 光圈：F11 快门速度：1/8s 感光度：ISO 160

● 拍摄米堆冰川时要着重把握它的特征，直插针叶林的冰舌、完美的弧拱结构、冰瀑布等都具有相当高的辨识度。拍摄时可以尝试不同的景深效果，截取局部时一定要表现出冰层的纹理，此时曝光宁欠勿过。

这幅作品利用暗调前景突出了冰川，侧光照亮了冰川顶部的雾气，显得轻盈通透，为画面增添了动感。曝光时要选择画面的中间灰区域进行测光，兼顾雾气的亮部细节和山体的纹理细节，以此表现作品的地理特征

››› 焦距：130mm 光圈：F11 快门速度：1/640s 感光度：ISO 160

>>> 焦距：200mm 光圈：F11 快门速度：1/500s 感光度：ISO 160

米堆冰川是画面的绝对主体，大面积的白色使人的视觉感受太过单薄，也不利于控制曝光，因此选取了深色物体作为画面的前景，使作品的明暗配置得到均衡，造型别致的树为作品提供了趣味性，容易给观者留下深刻印象。正常曝光使画面保留了原有的蓝色调，突出表现了米堆冰川的冷峻

2. 拍摄米堆冰川的黄金时间

由于米堆冰川是东南走向，因此最佳的拍摄时间应该是早晨到上午之间，日出时的光线为侧光，正好可以打亮冰川，光影效果十分迷人。

10.2.3 左贡、芒康、盐井·茶马古道上的风景

印象 茶马古道的精神和马帮文化融会在这条线路上——滇藏线。从然乌镇出来，经八宿、左贡、芒康、盐井、德钦进入香格里拉时，已属云南境内。昔日有谚语云“一段茶马古道，一趟地狱天险”，可见我们的祖先贯通这条文明之路是何等不易。

沿途大部分地段都属于三江流域高山峡谷地带。八宿藏语意为“勇士山脚下的村庄”，境内的业拉山海拔4658米，要爬过“九十九道拐”才能顺利翻过垭口，而且这些“拐”坡陡弯急，稍有不慎就有可能摔下崖去，每个拐都堆集着厚厚的泥，汽车通过时颇有些一骑绝尘的味道。站在垭口上回望并俯视盘山公路时，崇山峻岭之间反复描绘的Z形线条，任谁也无法忘记刚才经历过的胆战心惊，这便是著名的“怒江72拐”。

翻过业拉山就是邦达。邦达是过去“茶马古道”的必经之地，现在是川藏南线和北线的分界点，一边是昌都，经江达进入四川德格，一边经芒康到达四川的巴塘。邦达草原平坦辽阔，玉曲河蜿蜒穿越，河流两岸宽缓的低湿滩地上草甸植物覆盖漫漫，无论是茂密低矮的大蒿草还是翠绿如茵的苔草，都吸引了周围的牛羊群过来小憩，运气好的话也能偶遇黄羊。

左贡藏语意为“耕牛背”，境内的东达山海拔 5008 米，是川藏线上第二高峰。垭口终年积雪不化，夏季绿草如茵，可以看到大群的牦牛。紧接着就要翻越觉凹山，此山海拔没有东达山高，但十分险峻，而且道路外侧没有任何遮挡物。这时就进入藏东南三江并流的核心区域了。

三江并流，指金沙江、澜沧江和怒江在滇西北和藏东南由北向南并列而流，始终没有汇合。芒康正处于金沙江和澜沧江之间，是茶马古道在西藏的第一站，东与四川省巴塘县相连，南与云南省德庆县毗邻，西与左贡县接壤，北与贡觉、察雅县相接，自古以来就是西藏东南的门户。生活在这片福泽之地的芒康人民能歌善舞，创造了独具浓郁地域和民族特色的歌舞艺术，尤其是芒康“弦子舞”和“锅庄舞”号称为“古道神韵”，在整个西藏都颇有声誉。

芒康县内的群众大多信仰藏传佛教，只有盐井一带的人信奉天主教，并建有天主教堂。盐井是芒康的一个乡，地处神秘幽深的澜沧江大峡谷，距芒康县城 107 公里，距云南德钦县城 115 公里。盐井历来都是藏东南的制盐中心，已有上千年的食盐生产历史，如今仍然完整保留着世界上最原始的制盐方式。澜沧江两岸近 300 米的狭长地带，从江边到山上绵延排列着上千块盐田，从高处向盐田看去，盐井冒出腾腾的热气，已经蒸发出来的盐粒闪着光泽，犹如洒在湛蓝的澜沧江水和漫山遍野的野花间的白银一般，旖旎风光之中又蕴含着特殊的人文情怀。

交通 从昌都到芒康没有固定班车，需要向当地人打听，途经邦达的车费为 60~80 元 / 人。左贡翻越东达山、脚巴山、拉乌拉山到达芒康，芒康县三省交界的地方是川藏 318、滇藏 214 的交汇点，全程 160 公里，中巴车 100 元左右。

盐井是从云南德钦到西藏芒康的中转站，因此每天都有两班固定的中巴车对开，分别是早上 8 点和 8 点半发车。盐井和芒康之间的班车不固定。

食宿 滇藏线沿途的食宿点很多，八宿、左贡的接待能力较好，县城内有很多宾馆、招待所可以选择。芒康虽然是个交通枢纽，但县城很小，条件较差。

该地区的农、牧民杀羊之后不单独煮食羊血，而是灌入小肠内煮熟食用。

››› 焦距：105mm 光圈：F14 快门速度：1/800s 感光度：ISO 100

这是川藏线著名的“九十九道拐”，从昆明或者成都前往西藏途径这一地区，也是摄影人必拍的一个景点，但要提醒大家的是，必须注意安全

盐井的古盐田还保留着原始的晒盐方式，随着现代科技的不断进步，这种晒盐方式也许很快就会消失，途经盐井的朋友和影友请留意这个地方，这是很难得的人文纪实摄影题材

>>> 焦距：17mm 光圈：F14 快门速度：1/250s 感光度：ISO 100

盐井有几千块盐田，场面壮观，在冬雪的覆盖下更显气势磅礴，邻人由衷地敬佩藏族群众的勤苦劳作。拍摄时对准白色区域测光，曝光补偿进行减曝，突出盐井埂堰的线条，红白相间的盐田使作品具有十分强烈的韵律感和层次感

1. 在左贡、芒康、盐井拍什么

滇藏线沿途地质结构复杂，主要拍摄内容有邦达草原、业拉山口、“怒江 99 道拐”等自然景观，澜沧江好似一条蓝色丝带缠绕在横断山脉之间，大峡谷里时不时点缀着绿色田园，深秋季节的景色最美。在盐井可以拍摄各种人文素材，壮观的几千块盐田会在不同光线下呈现出迷人的光影效果，冬季可以尝试拍摄黑白作品，画面具有意境美。另外，人工制作古盐的过程具有很高的纪实摄影价值。

这幅作品是途中拍摄的人文纪实作品，一位藏族群众用马驮着青稞秆行走在路上，画面中的大部分是白色和灰色，只有人物是黑色的，在构图时利用人物和马匹的动态让画面活起来，并使其成为了整个画面的视觉焦点，达到了突出主体的效果。山体的地域特征决定了画面各区域被白雪覆盖的强度不同，山体部分露着一些暗色调的灌木植物，因此在曝光时要按照“白加黑减”的原则增加三分之一挡曝光补偿，以获得影调丰富、层次细腻的画面效果

>>> 焦距：22mm 光圈：F9.0 快门速度：1/80s 感光度：ISO 100

2. 在什么位置拍摄左贡、芒康、盐井

- 刚上业拉山公路时可以拍摄邦达草原的全景，最佳时间为日出日落时分，此处夏季的日出时间为早 7 点 30 分，日落时间为晚 8 点 30 分，春秋季节分别为早 8 点和晚 7 点。

站在左贡海拔 5008 米的东达山垭口，在零下 30 多度的气温下高举相机，证明自己的身体和实力，来挑战川藏南线上第二高垭口。东达山风光极为美丽，是不可错过的美景之一

>>> 焦距：27mm 光圈：F6.3 快门速度：1/250s 感光度：ISO 100

● 在觉凹山顶可以拍摄险峻的盘山公路，拍摄时要着重表现公路的线条感。

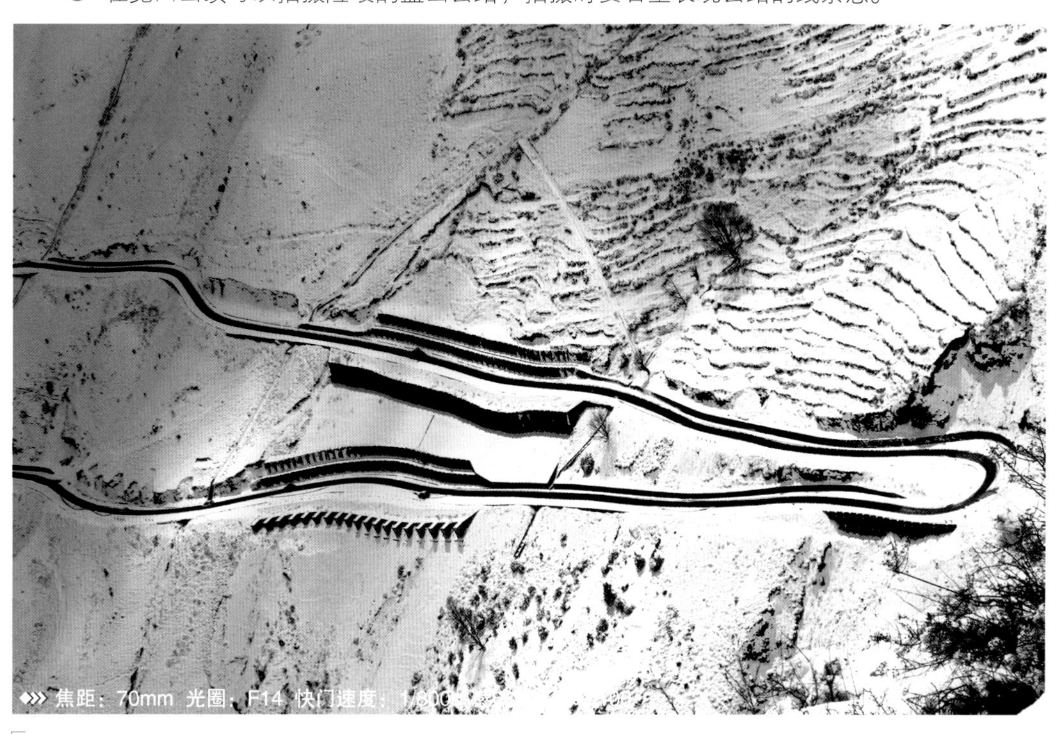

线条在摄影构图中起着十分重要的作用，不但可以分割画面结构，也可以配合点和面来丰富画面。在拍摄这幅作品时，整个世界都是银装素裹，白茫茫的一片，盘山公路几乎是视野中唯一的暗调线条，具有强烈的形式美感，利用曲线来打破雪景的单调，同时有利于衬托雪的质感和层次。由于雪地上落有山体的阴影，在曝光时可以选择准确曝光或增加三分之一挡曝光补偿，如果曝光过度的话，画面会失去细节和层次

● 从芒康沿318国道向西约40公里，有一座竹卡大桥，在此处可以拍摄澜沧江大峡谷，两岸的石崖异常陡峭，在侧光下会将影子投射到幽绿的江水中。

这幅作品利用峡谷两侧的山体形成了近大远小的空间透视效果，引导观者的视线至画面的视觉中心，同时配合竖画幅构图强调了画面的纵深感，若运用早晚光线则更能突出峡谷的幽深

焦　　距：28mm
光　　圈：F7.1
快门速度：1/160s
感 光 度：ISO 100

● 盐井是拍摄人文题材的好地方，最好的拍摄季节在每年的3-5月，此时雨季未到，交通状况良好，而且正值盐田生产季节，经当地群众同意之后，可以拍摄近似活化石的古老制盐过程。

›› 焦距：37mm 光圈：F8.0 快门速度：1/200s 感光度：ISO 100

拍摄此类人文题材时一定要征求被摄者的同意，在拍摄过程中切忌摆拍，那样就失去了人文纪实的意义。这幅作品将被摄者安排在画面的黄金分割点，主体地位十分明显，利用盐井田和河流、村庄、褐红色山体分别作为画面的前景和背景，清楚地交代了拍摄环境，提升了作品的人文价值。在曝光时可以适当降低曝光补偿，以便凸显藏族妇女服饰的色彩，为画面增加视觉美感

这是盐井架子，浓稠的盐浆从木架的缝隙渗下，在风和温度的作用下逐渐固化。在拍摄时适当降低曝光补偿，以突出木架子上面盐粒的质感，也可以使架子呈现出比较有质感的原木色泽。采取仰视角度拍摄可使画面看起来较为高大，气势十足，木架的直线条也起到了稳定画面的作用

››› 焦　　距：80mm
光　　圈：F5.6
快门速度：1/30s
感 光 度：ISO 100

● 从德钦方向刚到盐井时，公路旁有一座白塔，可作为前景以衬托红色的山体前行大约 1 公里就是大片村落，可在日出时拍摄红色山体下的绿色田园风光。这个位置附近的山体有着大面积的挤压褶皱，而且部分山体呈现褐红色，具有十分明显的地域特征。

>>> 焦距：40mm 光圈：F11 快门速度：1/200s 感光度：ISO 100

运用广角镜头将一大片山体和青稞、佛塔摄入画面，山体褶皱所形成的线条为直线与直线之间的汇聚线条，并且形成了一定角度，画面给人留下了硬朗、坚实的印象。运用散射光拍摄可以增强佛塔的主体地位

3. 拍摄左贡、芒康、盐井的黄金时间

滇藏线的西藏段一年四季都有美景，春有粉桃，夏有翡翠，秋有金叶，冬有皑雪，相对来说，夏季时分路途泥泞，泥石流等地质灾害发生概率较大，清一色的绿色风景也较为单一，而其他季节则更为出色。如果要拍摄古盐田的制盐过程，建议选择 3-5 月期间，此时雨季未到，而且正值盐田生产的季节，有许多珍贵的人文素材。在拍摄风光时建议选择早晚光线，盐井、芒康一带的自然环境具有十分强烈的层次感，早晚的低角度光线更能表现这一特点。

第11章 那曲地区摄影旅游攻略

11.1 羌塘风光——那曲旅游攻略

这幅作品由绿色草地、羊群、远山和蓝天白云等元素构成，却将五色经幡置于整个画面的正中央，看似犯了风光摄影的构图大忌，实则是利用绝对引人注目的位置去突出主体地位，同时也表达了对藏地宗教的尊重和敬仰。采用较高的快门速度可将天空中浓厚的云彩定格

11.1.1 旅游·那曲

那曲，藏语意为“黑河”，地处青藏高原腹地，下辖10个县，是西藏面积最大的地区，整个藏北高原大部分属于那曲。羌塘以高原草地和荒原为主，平均海拔已经超过了4000米，夹在昆仑山、唐古拉山和冈底斯山与念青唐拉古山之中。藏北高原包括西藏西北部的那曲地区和阿里地区的部分区域，东西长约2400公里，南北宽约240公里，占西藏自治区总面积的3/5，是青藏高原的核心。青藏铁路北起青海省格尔木市，经纳赤台、五道梁、沱沱河、雁石坪，翻越唐古拉山，再经西藏自治区的安多、那曲、当雄、羊八井至拉萨，全长1142公里，是世界上海拔最高、线路最长的高原铁路，与青藏线109国道并驾齐驱，好似两条蜿蜒的巨龙将内陆地区和西藏紧紧相连。

那曲作为区域中唯一一个没有树的地方，每年11月以后天干地冻，风沙大，持续到来年3月份才有所好转。每年5~9月气候相对温和，风和日丽，降雨量占全年的80%，怒江上游——黑河流经藏北草原，是西藏重要的畜牧区。藏北地域辽阔造就了藏北人豪放大方、热情奔放的性格，作为能歌善舞的民族，踢踏舞、锅庄成为了当地最具代表的特色舞蹈。每年八月都会举办为期一周盛大的那曲赛马会，内容有速度赛马、马术表演、射箭、骑马抢哈达、拔河等，还有法会、歌舞表演等。在这期间，那曲各地的牧民带着帐篷盛装出席，尤其是妇女们的民族服饰具有极强的观赏性。

那曲还是西藏原始宗教“苯教”的发源地之一，信徒们认为那曲地区尼玛县文部区的达尔果雪山就是苯教诸神的聚集处，而雪山下的“当惹雍错”又是苯教最为崇拜的神湖，每年都有许多信徒不远万里前来这里转山转湖。

11.1.2 那曲交通

那曲是藏北的重要交通枢纽，是青藏铁路和青藏公路的必经之地，因此去往青海、拉萨等地的交通极其便利，但区内的交通状况不佳。那曲至拉萨有各种班车，如桑塔纳、金杯面包、中巴车，车费为 60 ~ 100 元 / 人，每天早晨至下午随时都发车。那曲火车站是青藏铁路的中转站和补给站，位于那曲西面约两公里的门地乡俄玛迪格村，紧临青藏公路。目前从北京出发的 T27 和 T28，从成都出发或到站的 T21、T22、T23 和 T24，从重庆出发或到站的 T221、T222、T223 和 T224，从兰州出发或到站的 K917 和 K918，从西宁出发或到站的 N917 和 N918 都在那曲经停。

每年 5~10 月是最佳旅游季节，但需要注意的是，即使是夏天也要注意保暖。

11.1.3 那曲食宿

那曲的食宿条件较西藏的其他景点要好很多。受高原地理环境的影响，那曲的饮食是典型的藏族风格，喜食酥油茶、奶制品以及牛羊肉，但是各式面食、主食习惯和内地比较相似。餐馆以川菜和西北风味为主，主要集中在青藏公路穿越那曲城区的公路两旁和那曲饭店附近。

住宿有藏式毡房、旅馆、招待所和星级宾馆等多种选择，而一些特色小旅馆如今也成为背包客的住宿首选。藏式毡房虽然简陋，但价格便宜，而且能够让游客直接领略到藏北牧民的豪爽与热情。那曲县招待所、当雄县招待所的价位在 50 ~ 80 元 / 床之间。档次较高的宾馆有桃源宾馆、当雄白马宾馆、那曲羌塘信苑酒店等，价位也相对较高。

11.2 那曲地区主要景点摄影攻略

下午四点钟，蓝天丽日，光照强烈，为了防止画面过曝，在曝光时把光圈缩小到F16，逆光拍摄藏族群众的信物——牦牛头骨，牛头上刻有经文，背景的五色经幡在逆光的照射下质感通透、色彩明快，仰拍视角增强了作品的气势，避免了平视拍摄时画面给人呆板和工整的感觉，画面效果较为新颖

11.2.1 纳木错·落到土地上的蓝天

印象 纳木错意为“天湖”，位于拉萨以北的当雄县和那曲地区的班戈县之间。湖面海拔为 4718 米，面积为 1920 多平方千米，湖水最大深度达到 33 米，蓄水量达 768 亿立方米，是世界上海拔最高的大型湖泊。积雪终年不化的念青唐古拉山坐落在纳木错的东面和南面，连绵不绝的高原丘陵则环在纳木错的西面和北面。作为中国第二大咸水湖，流域内拥有丰富的野生动物资源，湛蓝的湖水中倒映着圣洁的雪山，风景极为秀美。

毫无疑问，纳木错是西藏最负盛名的湖泊之一，不仅因为绝美的自然风光，还因为其特殊的宗教意义，与羊卓雍错和玛旁雍错并称为西藏三大“圣湖”。相传只要在藏历羊年前往纳木错朝拜，转湖念经一次，所结的善果将抵过平日十万次的转湖念经，且将福寿无边。因此，历史上曾有无数藏传佛教的高僧在此修行，羊年转湖仪式在藏历四月十五那天最为隆重，信徒们从四面八方汇聚而来，经过时一定会留下一枚刻着箴言的玛尼石。

纳木错湖中共有 5 座岛屿，其中最大的是扎西岛，远远看去仿佛是一件在蓝色绸缎上绣出的精美绣品。一上扎西岛，就能看到纳木错的门神——迎宾石，两个并行的大石柱，被佛教信徒称为“守门怒神父母像”；两块巨大的岩石在扎西岛的西面隆起，犹如一双巨大的手掌在向身旁的念青唐古拉神山祭拜，这就是著名的合掌石，被佛教信徒称为“胜乐金刚父母像”。扎西岛的溶洞是游人必去的一个景点，溶洞布满钟乳石，各个洞府都不相同，或狭长，或宽阔，有的还有天窗。位于扎西岛东北面的溶洞绘有岩画，大约有 2000 多年的历史，内容大多为狩猎和各种动物，靠近湖边有一道将近百米长的玛尼石墙。

交通 从拉萨没有直接到纳木错的班车，只能先到离纳木错最近的当雄镇，再转乘当雄天湖宾馆－扎西岛的环保车，每日 9 时从天湖宾馆出发，大约 17 时 30 分到达扎西岛，票价为 25 元／人。如果从拉萨包车前往纳木错，建议选择底盘高的越野车，费用大概 600 元左右，如果隔天返回的话，则需要 800 元左右。

食宿 如果在纳木错景区内住宿的话，就只能住帐篷和铁皮房。放牛娃宾馆、神湖纳木错客栈就在纳木错湖畔，食宿皆可，但是条件不太好。如果是常规旅游，建议最好当天回到当雄镇或拉萨住宿；如果是摄影创作，建议大家最好在纳木错住一晚。当雄火车站对面的金珠宾馆是一家集餐饮、住宿、娱乐于一体的三星级宾馆，服务周到。

需要注意的是，纳木错湖水的矿物质含量过高，不宜饮用，建议自带一些矿泉水。

门票 旺季为 120 元／人（5 月 1 日~10 月 31 日），淡季为 60 元／人（11 月 1 日至次年 4 月 30 日）。

焦距：50mm 光圈：F11 快门速度：1/60s 感光度：ISO 100

Tips

纳木错地处藏北高原，海拔为 4750 米，是整个西藏地区高原反应最严重的地方之一，建议先在拉萨适应 3~5 天再前往纳木错，否则高原反应一定会让你彻底跪倒在美景面前。需要特别注意的是，一定要注意保暖，千万不要感冒，去之前需备好各种常用药品。

「纳木错湖畔的佛塔，在蓝天白云的衬托下显得十分寂寥。这幅作品利用佛塔阐述了蓝天和云彩之间的关系，画面中天空占了绝大部分，而白色佛塔只占很小的比例，很明显，蓝天和云彩才是这幅作品的拍摄主体，佛塔只是增加了画面的人文气息，同时也点明了拍摄环境。由云彩的形态可以看出，拍摄现场一定有着很强的风力，不但反映了拍摄时的天气状况，使观者有一定的临场感，同时也利用大面积的抽象线条为作品增加了艺术感染力」

1. 在纳木错拍什么

纳木错的拍摄内容十分丰富，出色的素材俯拾皆是，应该着重表现的是拍摄对象在各种光线条件下的光影效果。相对而言，合掌石、迎宾石以及岸边的转经筒已经成为纳木错的标志性景物，拍摄时要注意运用早晚光线，利用色温的变化去制造画面效果。此外，纳木错的湖面永远不会让摄影者厌烦，湖岸线的线条具有十分优美的造型，水面在早晚光线的照耀下呈现出一种波光粼粼的画面效果，色彩丰富，变化无穷。岸边的皑皑雪峰也会在早晚光线的照射下有着亮眼表现，日照金山的美景与湛蓝清澈的湖面相互映衬，空中彩霞飞舞，在湖面上投下一串串火红的波影，纳木错的美景不只是简单的风光景色，更像一幅光影交错、美轮美奂的风景画。

››› 焦距：40mm 光圈：F11 快门速度：1/400s 感光度：ISO 200

在纳木错湖边，每天早晨都可以看到藏族妇女前来湖边背水，拍摄这幅作品时光照十分强烈，在被摄人物的面部留下了浓重的阴影，一方面利用明暗对比刻画了藏族妇女的人物特质，比较硬朗的光线适合表现勤劳坚韧的人物性格；另一方面也凸显了色彩的对比和反差，被摄人物身穿的藏服与背水的水桶形成了冷暖色调的对比，又与纳木错的蓝色湖面形成了视觉上的反差

2. 在什么位置拍摄纳木错

● 随着光线入射角度的改变，纳木错的景观瞬息万变，尤以一早一晚的风光最佳，推荐大家在湖边迎宾石下面，或者迎宾石后面的山上，以及在扎西半岛后面的湖边进行拍摄。清晨，念青唐古拉山静静地俯看着纳木错，静谧的湖面也静静地等着第一缕金色阳光的恩泽。早 7 点（夏季，春秋季为 8 点），银色雪峰犹如披上了金丝袈裟，光芒万丈，一层层白云从天际飘来，好似上天赐予的洁白哈达。纳木错的晚霞更是美轮美奂，当太阳从湖面落下后（夏季为 9 点，春秋季为 8 点），整个纳木错的湖面都闪烁着一种美轮美奂的金红粼光，风撩拨着微浪，旖旎多情，此时应该选择湖畔的玛尼石堆和经幡作为前景。

「晚上将近九点，西下的太阳照亮雪山，投影在纳木错湖中。拍摄时由于光照条件不足，采用了1/30s快门速度及F9.5光圈保证了镜头的进光量；利用冷暖色调的对比和反差很好地表现了纳木错沐浴在落日余晖中的美景，前景中的行人对画面起到了点缀作用，丰富了作品的构图元素」

›› 焦距：200mm 光圈：F9.5 快门速度：1/30s 感光度：ISO 100

● 扎西岛中央有一座小山包，此处是拍摄念青唐古拉山和纳木错的制高点。日出日落两个时机不容错过，美丽的湖岸线将纳木错和前面的念青唐古拉山连接在一起，辽阔草原的色彩随着季节而变化，为幽蓝的湖面增添着不同的韵味，目及远处，雪山闪烁着银光，与烟波浩淼的圣湖默默相对。只需转动你手中的云台，四面都是美景。去小山上拍摄时可以请当地的藏族人背摄影包上山，此地海拔将近4800米，风很大，应注意稳固脚架和御寒。

›› 焦距：80mm 光圈：F11 快门速度：1/60s 感光度：ISO 100

「冬季的纳木错银装素裹，运用侧光拍摄时，雪山与纳木错的湖岸线都呈现出明显的阴影和亮部，影调细腻，层次丰富，同时折线与曲线之间的视觉差异为作品增加了趣味性。调节白平衡可以使雪山的色调偏蓝，与大面积的蓝天和纳木错的湖水形成和谐统一的色调，给人一种寒冷清冽的感觉」

「这幅作品利用纳木错的佛塔、湖岸线、蓝色天际及藏族阿妈来搭建画面，藏族老阿妈及服装呈现出的暖色调使整个画面具有神秘感，冷暖色调的运用及色彩对比使画面的层次很丰富，给人强烈的视觉感受」

>>> 焦距：17mm 光圈：F4.0 快门速度：13/10s 感光度：ISO 200

Tips

纳木错是第三纪末和第四纪初喜马拉雅山运动凹陷而形成的巨湖，随着西藏高原气候不再湿润，纳木错的面积逐渐减少，现存有三道古湖岩线，湖面距离最高的一道约80余米。

● 扎西岛迎宾石是纳木错湖畔的标志景物，两块石头上常年挂着五彩的经幡，四周堆满了玛尼石和牦牛头骨，是拍摄湖景的绝佳前景。拍摄合掌石时可以选择强逆光，与蓝天白云形成强烈的光影对比。

>>> 焦距：50mm 光圈：F16 快门速度：1/250s 感光度：ISO 100

「拍摄时空气通透，太阳光线强烈，可以运用正逆光将拍摄主体处理为剪影效果，以增强画面的艺术感。利用广角镜头或者超广角镜头拍摄，将光圈收到最小时，太阳就会呈现星芒效果，通过合掌石与星芒的明暗对比使画面产生了强烈的视觉效果」

>>> 焦距：17mm 光圈：F8 快门速度：1/60s 感光度：ISO 100

「迎宾石是纳木错的地标建筑，早晨一缕光线从云缝打到迎宾石上，由于照射时间短，这时对着最亮区域测光、对焦，可突出迎宾石给人带来的温暖感」

Tips

迎宾石也被称作纳木错的门神。传说纳木错是一位女神，她掌管着藏北草原的财富，因此商贩们外出做生意时都要先到这里请求门神首肯，方可朝拜纳木错，祈求生意兴隆。

● 纳木错冰湖是一大美景。每年4、5月春末时，湖面融化的冰块被湖水推向岸边形成两米左右的冰墙，白色的冰在高原强紫外线的照射下呈现出一种冷峻的幽蓝色，远远望去好似南北极的冰海。拍摄冰湖时要注意曝光，白色的冰墙和深蓝色的纳木错湖水很难协调，尤其是湖水反光时。此时建议寻找合适的角度利用云层遮住冰墙，以湖水的亮度为曝光依据，这样反而能增加画面的意境。

● 藏历羊年转圣湖时，整个扎西岛人潮涌动，数以万计的信徒虔诚地表达着他们对信仰的忠贞，此时是拍摄藏族风情和宗教文化的绝好机会。善恶洞是顺时针转扎西岛时的必经之地，离合掌石很近。藏传佛教认为人不论是做善事还是坏事，上天一定都看在眼里，因此不管是高矮胖瘦，只有行得正、走得端的人才能顺利地通过善恶洞，反之就应该反思自我了。

● 天气晴朗时，纳木错的夜空闪烁着美丽璀璨的星光，明明灭灭，好似倦了的烟花，是拍摄星轨的好时机。

3. 拍摄纳木错的黄金时间

● 纳根拉山是从当雄县去往纳木错的必经之地，冬季时经常大雪封山，因此建议春、夏、秋季前往纳木错。美景并不局限在某个季节，而且纳木错的光影变化非常多，只要把握时机都会拍出优秀的作品。

● 如有拍摄纳木错日出日落和星空的计划，建议在扎西岛上住一晚。纳木错的光线千变万化，傍晚时即使太阳已经完全落下，仍不

拍摄星轨作品时一定要使用B门，经过长时间曝光才能拍出理想的画面效果，因此一定要携带三脚架和快门线，以防止拍摄时相机产生抖动。星轨作品的构图要适当地加入前景，避免画面元素太过单调。广角镜头或超广角镜头可以将更多的星星纳入画面，星轨结构完整，画面气势比较壮观；大光圈会使星轨的效果更加明亮，同时将感光度设置为ISO100~ISO200，因为低感光度画面的噪点较少。选择手动对焦模式，可以将前景的白塔作为对焦点。拍摄星轨的曝光时间应根据构想而定，曝光时间过长则星轨的线条越多，如果曝光时间太短的话，那么星轨的线条就相对较少，从而导致画面效果不理想

可收起机器，此时云彩的底部渐渐变灰，与湖面的颜色融合，而顶端仍是光芒四射，光影交错形成的色调如油画一般迷人。

11.2.2 羌塘·世界屋脊的屋脊

印象 在辽阔的藏北高原有很大一部分是“无人区”，即羌塘高原，意为“北方宽阔的高地”，一年之中有九个月冰封土冻，是名副其实的高寒地区。这里的湖泊星罗棋布，草场空旷无垠，雪山和冰川交错，风光壮美中透出原始的感动，纳木错更以“西藏三大神湖之一”的圣誉闻名于世；这里人烟稀少，食宿困难，除了科考、探险外几乎无人踏入，被视为人类生命的禁区，正因为如此，羌塘高原成为许多濒危野生动植物的栖息地，乘火车进藏时在青藏铁路沿线就可以看到成群结队的藏野驴、藏羚羊等向远方驰骋而去。

交通 出拉萨沿青藏公路向北走99公里，过了羊八井地热电站，就可以看到念青唐古拉山，它的北面就是辽阔的羌塘草原。

从当雄、纳木错到那曲，该段是藏北旅游的热门路线，从那曲往安多方向41公里处的公路左侧有一座铺着铁皮的老桥，跨过此桥就意味着踏进了“无人区”，从这个岔路口可以通往羌塘腹地的班戈、尼玛，远至狮泉河的岔路口。这就是“阿里大北线”其中的一段，从安多至尼玛沿途都是荒原戈壁和沼泽，路况复杂，各种补给无法保证，除了成群结队的野生动物以外，基本没有特色景点。

食宿 那曲赛马会就在那曲镇南的一大片草场上举办，建议食宿都选在那曲镇，这样可选择的余地较大，也可以选择和藏族群众一样在赛马会场外安营扎寨，享受狂欢。

◆>> 焦距：192mm 光圈：F9.0 快门速度：1/250s 感光度：ISO 200

清晨，薄雾轻拢，为平凡的景致增添了一缕仙气，意境十足。山体由于受光面不同而产生了亮部和暗部的反差，画面层次丰富。整个画面以绿色为主色调，前景中黄色的植物打破了单一色调，却又十分和谐，以此为测光基准并降低半挡曝光补偿，使画面的色彩得到准确还原。中景处隐隐约约的藏式村落点缀着单调的画面，作品的人文气息得以提升，画面气氛舒适平和，给人赏心悦目的感觉

1. 在羌塘拍什么

万里羌塘对于探险者和摄影人来说，有着不可抗拒的魔力。藏北高原的风光浩瀚而多变，草甸、戈壁、湖泊、河流、雪山星罗棋布，自然景观丰富多彩，经常可以在路边遇到成群结队的藏野驴、藏羚羊之类的野生动物。青藏铁路飞架高原，如同一条巨龙驰骋在荒原之上，如今也成为羌塘的重要摄影内容之一。

>>> 焦距：17mm 光圈：F16 快门速度：1/200s 感光度：ISO 200

使用广角镜头将公路、铁路等都纳入镜头，使画面得到了一定的艺术夸张，道路的曲线具有引导观者视线的作用，画面的空间感和立体感很强，拍摄视角新颖。火车的车窗上反射着蓝天白云，形成高原特有的景色，而铁路下面的道路上恰好有几个雨后的水洼，同样反射着光线，与画面中大面积的阴影相互衬托，形成了丰富的画面层次

2. 在什么位置拍摄羌塘

● 藏北八塔，位于青藏公路当雄至那曲大约三分之一处的路旁，此处有一座山梁，叫“九子拉山谷”，山口飘扬着许多经幡，苍茫的草原上矗立着八只基座相连的白塔。相传格萨尔王率兵在八塔这一带征战时，有一名战功赫赫的大将夏巴战死了，格萨尔王为了表彰他的功勋就建了八塔，并将他的遗体葬在此处。这个传说使草原带上了几分神秘悲壮的色彩，直到现在每月藏历十五、三十日，藏族群众还特意前来朝拜转塔，祈祷英雄在天之灵保佑一方水土风调雨顺。

九子拉山口常年有来往的藏族群众在此祈祷、挂经幡，祈求平安、风调雨顺，由于此处是风口，在风的作用下经幡会飘动，因此在拍摄时需要使用高速快门凝固瞬间

››› 焦距：17mm 光圈：F16 快门速度：1/25s 感光度：ISO 100

● 沿着青藏公路继续往前，在距那曲60公里处是表现藏北草原风光的绝佳位置。辽阔的草原高低起伏不平，线条优美，而且时不时会出现一个个湖泊，有些弯曲的水道好似蓝色的绸带落在草原上，附近水草丰美，吸引着牛羊群前来觅食。

局域光的照射使地面和水面上有大量白云的阴影，画面的影调较丰富。在构图时利用当雄河的S形线条为画面增加了节奏感和动感。整个画面以绿色为主，色彩清新明快，曝光时适当降低0.7EV曝光补偿可使色彩还原更加准确

››› 焦距：40mm 光圈：F16 快门速度：1/200s 感光度：ISO 200

● 羌塘草原的深秋，草场上遍布着黄色、红色交错的色块，与蓝天、白云、雪峰构成一幅明丽的画面，比春夏时的草场更为出彩。

● 羌塘牧民逐水草而居，帐篷是他们必不可少的生活装备。除了古老的牦牛帐篷外，还有红、蓝、黄、绿、白五色相间的尼龙帐篷，其形状各异，许多帐篷顶上飘挂着五彩缤纷的风马旗，成为草原牧区的一大景观。经主人同意后，可以进入帐篷内拍摄当地的民俗风情。拍摄帐篷外景时，如果背景中有白色雪山、云彩等元素，则应该选择白色帐篷。因为传统的牦牛帐篷大多为黑色，与背景反差太大，此时数码相机的感光元件很难在单次曝光中记录下画面中所有的层次，相对而言白色容易把握。如果在白天进入帐篷内拍摄民俗人文，则建议选择黑色牦牛帐篷，因为白色会产生大量高光，不利于表现人物脸部特征，而且影响画面效果。

>>> 焦距：16mm 光圈：F16 快门速度：1/60s 感光度：ISO 100

拍摄这幅作品时乌云滚滚，利用超广角镜头可以更好地表现藏北草原藏族群众的生活环境。在测光时以白色帐篷作为曝光基准，降低0.7EV曝光补偿，可压暗乌云部分的亮度，凸显藏族群众的现代生活方式，同时也使画面的影调更加细腻

藏族群众习惯将洗过的衣服晾在帐篷上，色彩艳丽的衣服与褐黄色的背景增加了视觉变化，起到了装饰画面的作用。前顺光照在藏族老阿妈身上，并在地面上留下了身影，也有利于色彩的表现，适当降低曝光量可以使画面的色彩更加浓郁

>>> 焦距：24mm 光圈：F13 快门速度：1/200s 感光度：ISO 100

● 那曲赛马会是羌塘草原上独有的民族活动，藏北汉子高高挥舞着马鞭，骨子里的骁勇和彪悍展露无遗，与格萨尔王的传说一样令人激荡。除了各种竞技项目以外，身穿民族服装的藏族妇女非常值得留意，她们身上的银饰和宝石大多价值连城，很能表现当地群众的价值观。

>>> 焦距：40mm 光圈：F11 快门速度：1/50s 感光度：ISO 100

在西藏每年的赛马会期间，藏族群众穿着自己亲手缝制的各色藏袍，头戴玛瑙、绿松石、红珊瑚等珠宝来参加一年一次的民族活动，这时摄影人一定仔细观察、抓拍各种服饰、头饰等，这也是难得的创作机会

● 羌塘气候多变，经常出现局域性雨雪天气，天空云层多变，有时候云层完全涌在某一区域，而其他区域则完全无云，此时极有可能出现局域光效果，切不可错过。高原的风速极快，有时会将云彩塑造为各种形状并一瞬即逝，此时应抓紧时间拍摄。

>>> 焦距：16mm 光圈：F8 快门速度：1/60s 感光度：ISO 100

「这幅作品采用了超广角镜头拍摄，以便获得气势恢弘的画面效果。在构图时让地面只占画面的三分之一面积，而天空和乌云则占据了画面的大部分面积，以及大景深的运用，目的就是利用羊群去烘托恶劣的天气条件，强调雷暴到来时的压迫感，突出表现羌塘的气候特征以及拍摄环境」

3. 拍摄羌塘的黄金时间

去羌塘拍摄，最好将时间安排在每年的夏秋两季，此时草木苍翠、牛羊成群，经常可以看到野生动物驰骋而过。在冬季不可冒险去羌塘，此时这里几乎成为了“生命的禁区”，一旦遇到危急情况很难得到及时的救援。

>>> 焦距：19mm 光圈：F16 快门速度：1/200s 感光度：ISO 200

>>> 焦距：30mm 光圈：F16 快门速度：1/200s 感光度：ISO 200

第12章

12.1 水土肥美的庄园——日喀则旅游攻略

焦距：19mm 光圈：F14 快门速度：1/1000s 感光度：ISO 160

12.1.1 日喀则印象

日喀则有着600多年的历史，藏语意为“水土肥美的庄园”，历史上是后藏的政治、经济、宗教、文化中心，历代班禅都驻锡于此。扎什伦布寺、萨迦寺、白居寺、夏鲁寺等寺庙享有盛名，代表着当时后藏的宗教政治地位。

日喀则市在西藏西南部，雅鲁藏布江和年楚河在此处交汇，地形以平川为主，属高原温带半干旱季风气候区，又因为喜马拉雅山南麓阻挡了印度洋的暖湿气流，这片区域降水丰富、土质肥沃、日照充足，青稞、小麦、豆类单产连年居西藏第一，粮食产量超过西藏全区的四分之一，商品粮更是占到全西藏的一半以上，因此有“西藏粮仓”之美誉。

作为西藏的第二大城市，日喀则的旅游前景不可小觑，气候条件对旅游相当有利，冬无严寒，夏无酷暑，一年四季都是美景；交通尤其便利，从日喀则往北就是那曲地区，辽远厚重的羌塘风光让人不禁沉思；往南可以到达世界第一高峰珠穆朗玛峰，看看日照金山，感受一下睥睨群山的激荡胸怀；往东就是拉萨和山南地区，藏族文化的精髓大抵集中在这里；而一直往西则可直抵阿里地区，这里是“西藏的西藏”，整片大地都有着一种沙砾似的粗糙感，迎着风即能唤起心中的悲壮。日喀则的旅游资源非常丰富，不但有秀美壮观的自然风光，人文景观也是一大亮点，其中扎什伦布寺号称“日喀则的灵魂”，可与布达拉宫一比高低。

路遇的一位藏族老阿妈，正举着酥油茶，枯瘦的面庞是很多藏族老人共有的特征。拍摄此类人文题材时，要着重把握拍摄对象的面部表情以及肢体语言，同时通过拍摄环境来强化作品主题。这幅作品利用一块石刻作为背景，红色和金色镌刻而成的佛经很好地渲染了宗教气氛，同时与藏族老阿妈的蓝色头巾形成了色彩的碰撞，作品的视觉效果较好

>>> 焦距：17mm 光圈：F5.6 快门速度：1/50s 感光度：ISO 200

12.1.2 日喀则交通

拉萨到日喀则的班车车型为宇通中巴，在拉萨西郊汽车站（靠近拉萨河畔的青藏川藏公路纪念碑）上车，票价为 50 元 / 人，沿途路况不错，四个多小时即可抵达。返程时在日喀则客运站（在日喀则安康客运旅馆对面）上车，票价相同，时间需近 4 小时。

12.1.3 日喀则食宿

日喀则的餐饮文化与西藏其他地区相同，不管餐厅级别和装修档次高低与否，都有着非常浓郁的藏地特色，比如狗蹄木桌、铁皮火炉、八瑞瓷碗、藏式蒲团、吉祥图与壁画等，都映射着藏族文明和藏族同胞的精神信仰。

菜肴大多是具有本地特色的藏餐，有风干肉、奶渣糕、人参果糕、炸牛肉、辣牛肚、灌肠、灌肺、炖羊肉、炖羊头等，还有青稞酒和各式奶制品，主食有酥油糌粑、奶渣包子、藏式包子、藏式饺子、面条、油炸面果等。藏餐口味清淡，大多菜式除了放盐巴和葱蒜以外不放任何香辛料，比较注重食物本身的营养和味道。

在桑孜宾馆的后面有一条南大街，这里有一些藏菜馆。汽车站附近的夜市菜肴品种集全，气氛热闹，值得一去。解放北路和珠穆朗玛路一带集中着许多川菜馆，价格便宜，十几块钱就能吃饱。

日喀则是西藏的交通中心，游客众多，因此市区的住宿条件非常好。

日喀则饭店：3 星级，标间为 200 ~ 300 元 / 间，位于日喀则市解放中路 13 号。

桑孜宾馆：标间为 100 ~ 200 元 / 间，位于日喀则市中心，出宾馆后往南走就有藏菜馆，还有个大集市，方便购买日用品。

丹增旅社：房价从 30 ~ 100 元不等，有洗衣服务，每件收费约 1 ~ 3 元，位于邦佳孔路农贸市场对面，与拉萨的八朗学旅馆相似。

刚坚果园招待所：房价从 20 ~ 40 元不等，

床铺干净，位于珠穆朗玛路，就在扎什伦布寺对面，方便参观和拍摄。

12.1.4 日喀则通信

在日喀则全境和定日县的个别地方，手机是有信号的，但在其他地方就不一定了。另外，前往绒布寺和珠穆朗玛峰大本营时最好备足手机和数码设备的备用电池。

12.1.5 办理边境证须知

去日喀则地区的一些地方需要办理边境证，如果有计划前往樟木、亚东、定日（珠穆朗玛峰）、普兰、阿里等地，最好在你的出发地办好边境证，尽量避免在西藏办理，旅行社代办不但价钱贵，而且比较麻烦。办理边境证时要注意樟木和珠穆朗玛峰在一条线上，写“聂拉木县”就可以，而去亚东的话，需要另写上“亚东”。

12.2 日喀则地区主要景点摄影攻略

焦距：16mm 光圈：F11 快门速度：1/160s 感光度：ISO 100

运用广角镜头拍摄江孜古堡获得了极宽的视野，在景深较大的情况下，让天空和云彩占据了画面的三分之二，而江孜古堡和前景的田野色调接近、层次清楚，因此观者很容易判断出这幅作品想要表现的拍摄主体是哪个部分。拍摄时利用大面积天空表现云彩的流动，得到了艺术化的抽象表达，准确曝光可以使云彩的层次获得很好的表现

12.2.1 江孜·英雄城

印象　江孜，藏语意为“胜利顶峰”，位于西藏自治区南部、日喀则地区东部、年楚河上游，属高原温带半干旱季风气候区，日温差大而年温差小。这里夏季雨水充沛，温暖湿润，冬季干燥寒冷，降水少。经济以农业为主，主要农作物有青稞、冬春小麦、油菜籽、豌豆等，是“西藏粮仓”之一。它位置重要，从南亚前往西藏必须经过这条喜马拉雅山和冈底斯山之间的通道，因此自古以来就是佛教徒、商贾、游人的汇集之处。

江孜不但是西藏的富庶之地，同时也是我国历史文化名城之一，拥有丰富的旅游资源，文物古迹很多。宗山古堡位于江孜县城内，有“英雄城”之称号，1903 年英国“远征军”侵略西藏，在占领江孜时遭到当地军民的顽强抵抗，两个多月的时间内，他们运用最原始的武器，抵挡住了侵略者一次又一次的攻击，最终全部英勇殉国。白居寺位于江孜县城东北，海拔 3900 米，始建于明宣宗宣德二年（1427），历时 10 年竣工。白居寺是在西藏各教派分庭抗礼、势均力敌的情况下建立的，因此它能聚萨迦、格鲁、布敦等各派和平共存于一寺。历史上江孜还是西藏贵族的封地，距县城不远的帕拉庄园就是解放前西藏八大贵族庄园中唯一完整保留下来的庄园。著名的乃钦康桑雪山集中了各种冰川遗迹，是青藏高原上最易于接近的大陆性冰雪活动中心。

江孜还有“藏毯故乡”之称，主要产品有地毯、壁毯、藏被等。江孜藏毯的织法非常特别，结构精密、结实耐用、色泽鲜艳、图案新颖，具有非常浓郁的藏式风格和地方色彩，深受国内外旅游者的喜爱。

交通　从日喀则到江孜的车很多，一般都采用拼车的方式乘坐私人的桑塔纳轿车前往，车费为 35 元/人，每车能坐 4 名乘客，全程约 3.5 小时，路况较好，在日喀则安康客运旅馆对面的日喀则客运站院门口上车。

白居寺就在江孜县城内，宗山古堡就在白居寺背后的山顶，从县城步行即可到达。

食宿　江孜饭店：是一家涉外饭店，设施齐全，藏族风格浓郁。中式、藏式双人间房价为 100 ~ 300 元。热水供应只到晚上 9 点，提供洗衣服务，每件价格为 3 ~ 4 元，还提供自行车出租服务。

江孜家具厂招待所：位于大十字路口，房价为 30 ~ 50 元。入住可眺望宗山炮台，无洗浴设施。十字路口东有淋浴店，洗浴费为每人 5 元，早 10 点至晚 7 点开放，需自带洗具。

民族服装招待所：在江孜大十字路口西北，走路约 5 分钟即可到达。房价为 15 ~ 25 元，条件一般，没有洗浴设备。

建藏饭店：位于江孜县城，环境较干净，4 人间房价为 80 元/间，在顶楼可以观看宗山古堡全景。在该饭店对面还有几家四川饭馆，价位适中。

门票　白居寺门票为 40 元/人，开放时间为 9：00—19：00；宗山抗英遗址门票为 30 元/人。

1. 在江孜拍什么

江孜的主要拍摄内容就是田园风光、白居寺和宗山古堡。日喀则到江孜有 90 多公里，沿线上的田园风光令人心情大好。盛开的大片油菜花好似无边无尽的金色海洋，在蓝天白云的映衬下蔚为壮观，与绿色青稞、藏式民居和村落构成一幅幅和谐的美景。如果你对佛像、壁画、雕塑感兴趣，白居寺绝对不会让你失望。白居寺最著名的景观就是“十万佛塔”，该塔共有九层，高度超过了 32 米，由近百间佛堂依次重叠建起 ，整个建筑精美绝伦，是中国建筑史上独一无二的珍品，拍摄时可以尝试采用多种拍摄角度，例如仰拍可以将多层塔层重叠而成为“金字塔”造型，配合塔身上明确的藏地符号，给人一种与众不同的感觉。殿堂内藏有十余万幅佛像，千余尊泥、铜、金塑佛像，堪称佛像博物馆，由于光线不足，所以拍摄时三脚架和头顶灯或者手电筒是必备的。白居寺的壁画极为出名，绘画技法比西藏其他寺庙更具特色，图案造型丰富，色彩对比强烈，艳丽而不失庄重，拍摄时要慎用闪光灯，宁愿牺牲时间用慢速快门拍摄或者适当提高感光度，以获得更好的画面效果。绘在佛殿门楣上的印度湿婆神眼让人心神为之震荡，据传一切丑恶都无法逃过这双慧眼的甄别，拍摄时可以变化不同的拍摄角度，仰拍、平拍都会带来不同的视觉效果。白居寺的红色围墙非常有特色，沿山而建，宛如高低起伏的红色波浪，拍摄时最好选择傍晚的低角度光线。在江孜盆地的一片绿色盎然中，白墙红顶的宗山古堡突兀地立在一座赭黄色的石山上，格外引人注目，是江孜最著名的旅游景点。

>>> 焦距：40mm 光圈：F14 快门速度：1/125s 感光度：ISO 100

「这幅作品利用褐红色的围墙作为前景，直角线条延伸了观者的视线，营造出了十万佛塔的主体地位，画面具有很强的空间感」

>>> 焦距：32mm 光圈：F11 快门速度：1/500s 感光度：ISO 100

「拍摄这幅作品时天空中雷声轰隆，乌云滚滚，同行的影友们纷纷提议回到安全的室内稍作休息，其实这种极端天气是最容易出摄影作品的。西藏的天气变幻无常，雷雨前后极有可能出现短暂的局域光或彩虹，此时厚重的乌云恰好裂开一道缝隙，一道金光投到古堡上，抓紧时机对着古堡测光，并减少 0.7EV 的曝光补偿，以增加画面的色彩饱和度。乌云占据了整个画面将近三分之二的面积，压抑、紧张的气氛与前景中色彩鲜艳的油菜花形成了一种视觉上的强烈对比，给人留下深刻的印象」

拍摄这幅作品时晴空万里，光线方向十分明确。运用侧光拍摄白居寺的十万佛塔，塔身的明暗反差较大，层次丰富，突出了线条的节奏感，画面具有很强的立体感

2. 在什么位置拍摄江孜

● 七月份从日喀则到江孜的路上到处都是一望无际的油菜花，为荒凉的青藏高原增添了几许柔媚，令人陶醉。此时宜用广角镜头，美中不足的是无法找到制高点，需要积极尝试各种拍摄角度，低机位仰拍也可以获得新颖的视觉效果。

仰拍可使油菜花在画面中占据较大比例，画面很有气势，同时也更好地表现了油菜花的动感。远景的山峦在光线的作用下产生了较大的明暗反差，增强了画面的艺术感，白居寺的红色围墙刚好被光线照亮，与前景的大片绿色形成了色彩和冷暖色调上的对比，弯曲的线条也增加了视觉变化。在曝光时针对亮部测光，可使画面的明暗反差和层次有更好的表现，适当减少曝光补偿可以使画面的色彩更加浓郁，视觉效果更好

● 白居寺佛塔内的佛像和壁画极具特色，融合了尼泊尔和印度的艺术风格。佛塔外的建筑细节尤其值得关注，雕刻工艺十分高超，绘画精美，可以采用不同的拍摄角度去表现。

在弱光环境下拍摄佛像时，尽量不要使用闪光灯，否则会在佛像主体上留下十分突兀的亮斑。为了获得正常曝光，可以采用慢速快门、大光圈和高感光度的组合，平视拍摄可使佛像的面部神情更加清晰、生动，给人一种平易近人的感觉

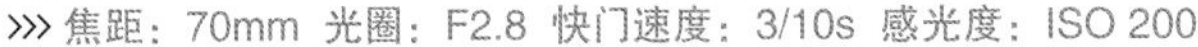

››› 焦距：70mm 光圈：F2.8 快门速度：3/10s 感光度：ISO 200

从白居寺的塔底向上仰拍，将佛塔的层次压缩在一起，形成了重复排列的节奏，画面具有形式美感。广角镜头的使用令被摄主体得到夸张表现，细节十分清晰

››› 焦距：40mm 光圈：F13 快门速度：1/20s 感光度：ISO 100

● 拍摄宗山古堡的最佳位置在古堡南面的河边。选择清晨日出或者日落之时去拍摄，古堡沐浴在初升的霞光或夕阳的余晖之中，在大地上落下了一片阴影，更显其巍峨险要之势。如果遇到阴天或乌云密布的“坏”天气，千万不要因此垂头丧气，宗山的海拔较高，极易出现局域光，光线强力地透过厚重的云层投射在古堡之上，能够拍出极具艺术感的画面。如果运气好的话，还会遇到彩虹，这在水源充沛的江孜地区并非千年不遇，是摄影的好时机。

>>> 焦距：80mm 光圈：F13 快门速度：1/60s 感光度：ISO 100

每次前往江孜古堡都有不同的收获，这幅作品的曝光十分精准，画面层次丰富、质感锐利。侧光的运用使得古堡具有十分明确的亮部和暗部，立体感很强，有效地烘托了古堡的高大气势。天空中飘着大片的鱼鳞状云层，在高色温光线的作用下呈现出宝蓝色的色调，近似倒三角的形态使得云层极具力量感，占据画面比例较小的古堡和地面反而有一种被压制的感觉。整个作品具有一种风雨来袭前的紧张感，前景的阴影起到了平衡画面结构的作用，不至于使画面显得头重脚轻

● 从拉萨途径羊湖，有一个水电站，位于途中的斯米拉山口，在逆光下拍摄斯米拉山水库风光，画面色彩十分丰富。翻越旁边的斯米拉山，深谷中有一个人工建造的蓄水湖。由山顶俯拍时，可以看到湖中间有一处建筑的废墟，在碧水之间别有韵味。

>>> 焦距：19mm 光圈：F14 快门速度：1/500s 感光度：ISO 160

最好避免雨季在这个位置拍摄，因为此时水质较为浑浊，拍摄效果不甚美观。画面中的江水好像一条幽绿色的锦带向远处流去，曲线构图使作品具有美感，色彩鲜艳的风马旗起到了美化画面的作用，同时也增加了画面信息，提高作品的人文价值。拍摄时要利用较高的快门速度，一方面可减少镜头的进光量，另一方面也能避免江水被虚化成绸状，保留水面波光粼粼的高光区域

3. 拍摄江孜的黄金时间

拍摄江孜田园风光的最佳季节是每年的3~5月和9~11月，在7月上旬可拍摄油菜花。拍摄宗山古堡的黄金时间是一早一晚，最佳时节应该是冬、春、秋季，因为这几个季节太阳的初升角度刚好与宗山的某个小山洼相契合，而夏季太阳的初升角度偏北，刚好被一条凸起的山梁挡住，太阳的金色光芒无法把古堡"点亮"。

12.2.2 扎什伦布寺·日喀则的灵魂

印象　扎什伦布，藏语意为"吉祥须弥山"，寺庙位于日喀则市城西的尼色日山坡上，建筑面积近30万平方米，是藏传佛教格鲁派在后藏地区的最大寺院，与拉萨的哲蚌寺、色拉寺、甘丹寺以及青海的塔尔寺和甘肃南部的拉卜楞寺并列为格鲁派的6大寺庙，扎什伦布寺金顶在阳光下熠熠生辉，前往日喀则时在公路上就能够看到。

扎什伦布寺始建于明正统十二年（1447年），创建人是格鲁派祖师宗喀巴的徒弟根敦珠巴。根敦珠巴后来被追溯为一世达赖喇嘛。该寺是班禅四世及以后历世班禅的驻锡地，分为宫殿（班禅拉丈）、勘布会议（后藏地方政府最高机关）、班禅灵塔殿、经学院4部分。经学院由措钦大殿、4个扎仓及下属的64个康村组成。

错钦大殿为该寺最早建筑。殿前有一个500平方米的讲经场，是班禅向全寺僧众讲经和僧人辩经的场所。大殿内同时可容2000多人诵经。供奉的佛像除释迦牟尼佛及其大弟子外，两边柱上还刻有建寺人根敦珠巴与四世班禅的立像；周围有宗喀巴师徒和80位高僧造像等。

大弥勒殿和历世班禅灵塔殿极其宏伟壮丽。大弥勒殿位于寺院西侧，殿高30米，供奉着1914年由九世班禅确吉尼玛主持铸造的弥勒坐像，这是世界上最大的铜佛坐像。历世班禅的灵塔大小不一，每座灵塔都燃点数量不等的大小酥油灯，终年不熄。塔内藏有历世班禅的舍利肉身，以四世班禅的灵塔最为豪华。1961年3月4日，扎什伦布寺被国务院列为国家重点文物保护单位。

交通、食宿　可步行往返于扎什伦布寺和日喀则市中心，市内的住宿和餐馆条件比较好，有很大的选择余地。

门票　扎什伦布寺的门票为55元/人，开放时间为9：00—15：00，中午12：00－14：00佛殿不对外开放。想要拍摄扎什伦布寺殿堂内部，必须在下午4点以前买票进入，部分殿堂在下午4点以后关闭。在殿堂内部拍照，需要先和喇嘛打招呼，按照各殿堂的收费标准付费。

扎什伦布寺强巴佛是世界上最大的铜佛，铜佛净高22.4米，端坐于高3.3米的莲座之上，总高达26.2米。此作品的影调灵动，最大的拍摄难点是选择测光点，选择对佛像的中间灰部分测光，可兼顾亮部和暗部的细节，保证画面的层次细腻。在光照条件不理想的情况下，1/45s快门速度和ISO100感光度即可满足曝光要求，F11光圈可使佛像获得足够的清晰度，而且质感良好，从而更好地渲染出藏传佛教的神圣和庄严

>>> 焦距：80mm 光圈：F8 快门速度：8s 感光度：ISO 100

1. 在扎什伦布寺拍什么

扎什伦布寺在藏传佛教中有着很高的地位，因此金顶法轮、经幡、壁画、佛像等寺庙的标志性景观是必拍的，主要以拍摄建筑和人物为主。许多生活小细节也非常值得注目，例如特色的窗棂、窗台上的盆栽和垂在墙上的藤蔓花朵等，这些生机勃勃的细节与白色或朱色的寺庙墙体形成了一种生动与庄重的对话，偶尔路过的年轻喇嘛面对镜头时总会羞涩一笑，我们需要做的便是瞬间记录。

拍摄时把酥油灯作为前景，明亮的火苗使环境亮度有所改善，在室内灯光下，佛堂的金属色泽极有质感。利用慢速快门拍摄，使画面的静态物体保持较高的清晰度，而活动中的人物则完全被虚化，为作品制造了动静结合的效果，同时也为藏传佛教增添了神秘感

>>> 焦距：80mm 光圈：F2.8 快门速度：1/2s 感光度：ISO 100

>>> 焦距：65mm 光圈：F32 快门速度：1/15s 感光度：ISO 100

扎什伦布寺的壁画很有特色，拍摄壁画时不要使用闪光灯，如果环境灯光不足以支持准确曝光，可以采用慢速快门、大光圈等方法增加镜头的进光量，或者使用三脚架以保证拍摄时相机的稳定，画面应保持水平，尽量不要倾斜。控制曝光时可以让画面准确曝光或稍曝光不足，从而使其色彩更明快，如果壁画的层次感较强，则可以减少半挡曝光量，以强化画面效果

2. 在什么位置拍摄点扎什伦布寺

● 进入扎什伦布寺大门一直前行向左拐，沿铁梯爬上去就能拍到扎什伦布寺的全景。在夕阳西下时，扎什伦布寺金顶会折射出金子一样的光芒，画面看上去万分耀眼。内院的平台是拍摄大殿外景的好位置，采用侧面角度拍摄可使大殿看起来更有气势，建筑的线条更有张力，画面层次更分明。

采用侧面角度拍摄可使扎什伦布寺的建筑层次相当分明，降低曝光补偿可使白色墙体和黑色布幔之间的明暗反差更大，画面的层次感和立体感得到增强，色彩饱和度也提高了。前景的红衣喇嘛是作品的点睛之笔，不但增加了画面的空间感，同时也使作品的人文气息更浓

>>> 焦距：80mm 光圈：F11 快门速度：1/125s 感光度：ISO 100

● 措钦大殿门外是扎什伦布寺的讲经场，每天下午喇嘛们都会在这里跳藏舞和辩经，其中藏舞不单是藏族群众庆祝节日时的传统舞步，在此还有强烈的宗教意义，因此非常具有拍摄价值。如果能上到措钦大殿第二层或者更高的位置俯拍，效果会更好，此时应选择广角和长焦镜头，以便表现大场景或截取最特别的局部进行表现。

>>> 焦距：35mm 光圈：F5.6 快门速度：1/200s 感光度：ISO 160

对角线构图避免了画面的呆板，黄色宝伞特别引人注目。俯拍角度无法保证拍摄对象的神情，而喇嘛们的肢体和形态很有秩序，利用比较静默的画面气氛表达了对于信仰的敬畏和恭顺。降低曝光补偿可以使拍摄对象的服饰色彩更加浓郁，从而更好地突出主体

● 日出日落几乎是所有风光题材的最佳拍摄时间拍摄扎什伦布寺也不例外，此时最好去扎什伦布寺后面的尼玛山上进行拍摄，这个制高点可以俯瞰扎什伦布寺，视野极其开阔，整个建筑都被蒙上了一层金色光泽，俯视拍摄可以将这一美景都摄入画面。

● 日喀则宗号称“小布达拉宫”，以昭示后藏与拉萨曾经具有同等重要的政治宗教地位。内设经堂、佛殿、宗本（县长）办公室、法庭、监狱等，拍摄时应注意表现建筑的线条和色彩。

在拍摄时利用两座建筑之间的空间搭建了一个画框，空间纵深感较强。穿着黄色服饰的喇嘛穿行其中，在大片白色的画面中其主体地位得到了突出。准确曝光可使白色墙壁和黑色藏式窗户的色彩得到正确还原，拍摄对象的服饰、衣帽都是橘黄色，与脚下的黄土形成了和谐、统一的色调

››› 焦距：24mm　光圈：F9.0　快门速度：1/13s　感光度：ISO 125

3. 拍摄扎什伦布寺的黄金时间

拍摄扎什伦布寺最好赶在有佛事活动的日子或藏历节日，比如晒佛节和萨嘎节等，在有宗教活动的日子里僧侣同乐，是拍摄人文题材的好时机。由于扎什伦布寺坐北朝南，因此日出和日落前后 1 小时之内都是侧光照射，有利于表现建筑的层次。

12.2.3 珠穆朗玛峰·万山之王

印象　珠穆朗玛峰是喜马拉雅山脉的主峰，位于我国和尼泊尔交界处，海拔高度达到8844.43米，是世界最高的山峰，其山体呈巨型金字塔状，威武雄壮、昂首天穹，是中国最美、最令人震撼的十大名山之一。

珠穆朗玛峰峰顶的最低气温可达 -60℃，平均气温在 -40℃至 -50℃之间，终年积雪不化，北坡雪线高度为5800 ~ 6200米，南坡为5500 ~ 6100米，山上随处可见冰川、冰坡和冰塔林，冰川面积达1万平方公里，最长的冰川达26公里。因为海拔太高，峰顶只有东部地区空气含氧量的25%，山上狂风肆虐，有时候甚至会遇到十二级大风。风卷着冰花飞溅开来，犹如一把把利刃弥漫在天空中，著名的“珠穆朗玛峰旗云”便是因此而来。1960年我国探险家和科研工作者超越了人类极限，首次从北坡登上了珠穆朗玛峰顶，创造了世界登山史上前所未有的奇迹。

珠穆朗玛峰国家级自然保护区成立于1988年，位于西藏定日县中尼边境处，是世界上最独特的生物地理区域。珠穆朗玛峰自然保护区属综合性自然保护区，由核心保护区、科学实验区和经济发展区三部分组成。这里可以看到宏伟无比的高山峡谷和冰川雪峰，这里有5座海拔超过8000米的山峰。保护区内有各种植物三四千种，包括被子植物、裸子植物、蕨类植物、苔藓植物、地衣植物、真菌等。山间有孔雀、长臂猿、藏熊、雪豹、藏羚羊等珍禽奇兽及多种矿藏。

绒布寺号称“世界最高的寺庙”，位于珠穆朗玛峰山脚，其海拔为5800米，距离珠穆朗玛峰大约20公里，现在已成为众多游客从北坡攀登珠穆朗玛峰的大本营。

交通　从拉萨去珠穆朗玛峰必须先到日喀则，在拉萨西郊客运站可乘坐到日喀则的班车，每小时一班，票价为85 ~ 125元/人，车型不同，价格也有所不同。

在日喀则长途客运站再乘坐前往定日的班车，每天有两班，票价为85元/人。

最后再从定日拼车到珠穆朗玛峰绒布寺，费用一般为500元/人。抵达绒布寺后，换乘环保车即可到达珠穆朗玛峰大本营，票价为25元/人。

食宿　从日喀则前往珠穆朗玛峰大本营沿途要路过拉孜、定日、岗嘎等地，食宿点较多，选择余地大。

拉孜是重要的交通枢纽，向西可去阿里，向南能到珠穆朗玛峰，一般游客都会在拉孜住宿、加油。拉孜宾馆是当地最大的宾馆，还有拉孜招待所、气象宾馆、教育宾馆等，这些宾馆都分布在中尼公路沿线，比较经济实惠。

白坝是前往珠穆朗玛峰之前能食宿、加油的唯一地方，为了避免意外，最好在这里加满油，补给食物。珠穆朗玛峰宾馆是当地最高档的宾馆，价位较高，多数国外旅游团队均在此住宿。珠穆朗玛峰宾馆附近有几家川菜馆，价格也高于拉孜同档次的菜馆。

珠穆朗玛峰大本营附近唯一可供住宿的地方就是绒布寺，费用为30~45元/床，条件不太好。绒布寺门口有家小饭馆，老板是藏族兄弟，不会讲汉语，可以用英语交流。在此住宿便于观看早晚景色，为了方便拍摄珠穆朗玛峰日出，扎营在此是个不错的选择。

门票　珠穆朗玛峰旅游景区门票实行“一票制”，每人为180元。对进入珠穆朗玛峰景区的机动车辆收取进山环保费，大车每次进入收费605元，小车每次进入收费405元。

1. 在珠穆朗玛峰拍什么

珠穆朗玛峰是毫无争议的雪山之王，雄伟壮观的金字塔山体具有十分明显的辩识度，拍摄内容以表现珠穆朗玛峰的气势和特征为主，也可拍摄绒布寺的田园风光以及附近藏式民居等。

珠穆朗玛峰的日出日落是西藏摄影的经典拍摄素材，金光笼罩着雪山之巅，在众多雄峰的衬托下，珠穆朗玛峰显得更加巍峨壮阔，好似一把尖锥在苦苦地撑起西藏的天与地，光影绝美。珠穆朗玛峰旗云是这座世界最高峰的另一自然奇观，当天气晴朗时，珠穆朗玛峰顶上经常飘浮着大片云彩，如炊烟那样袅袅上升，因其形如旗，故被称为“旗云”，有“世界上最高的风向标”之称，珠穆朗玛峰在旗云的漂渺缭绕之中，显得愈发神秘、冷峻。

每年7月，绒布河谷的田园风光正美，一片片绿色的青稞、金黄的油菜花与褐黄色的土壤形成了鲜明的颜色碰撞，同时将远处的银色雪峰摄入画面，将会成就一幅色彩瑰丽的作品。下山再走 20 公里，就是绒布河谷的一个村镇——“扎西宗”。向珠穆朗玛峰方向约行两三公里，右边会出现一大片风化严重的页岩山体，有明显的挤压褶皱，此时拍摄要集中体现自然环境、地貌特征和当地群众的生活，尽可能地交代一些西藏的信息。

绒布寺是珠穆朗玛峰摄影的最佳取景位置，可以选择白塔、经幡、玛尼堆等作为前景。在这里可以拍摄晚霞中的珠穆朗玛峰，霞光普照，画面瑰丽。此外，绒布寺的壁画值得仔细观赏，大殿前有一座雕梁画栋的看戏台，每逢重要节日，当地的群众都会到这里看喇嘛演戏。

>>> 焦距：80mm 光圈：F11 快门速度：1/60s 感光度：ISO 100

在珠穆朗玛峰拍摄星轨的条件比较艰苦，由于海拔高加上缺氧，拍摄者千万要注意做好自己和摄影器材的保暖工作。在拍摄时可根据天气的情况做不同程度的曝光补偿，采用二次曝光增加前景可以更好地衬托星轨的明亮，但尽量让天空占据整个画面的三分之二面积，较为开阔的场景更能表现出星轨的壮美。在曝光方面，可以采用 F5.6 或者 F8 的光圈、低感光度和长时间曝光。就构图而言，这幅作品具有较强的力量感和平衡感，珠穆朗玛峰峰顶被金光照亮，缓和了较为厚重的画面气氛，层次感较好，雪山的色彩和层次也使前景和背景的色彩过渡更自然

>>> 焦距：250mm 光圈：F6.3 快门速度：1/250s 感光度：ISO 200

珠穆朗玛峰旗云是珠穆朗玛峰的一大奇观，白色云烟在风的吹动下好像一面展开的旗帜，形状大小及位置高低受当时的风力强弱影响，因此旗云被称作“世界上最高的风向标”。运用前侧光拍摄，不但有利于塑造日照金山的明暗变化，也使旗云的形态十分生动，轮廓清晰，层次丰富

>>> 焦距：65mm 光圈：F32 快门速度：1/30s 感光度：ISO 100

这是珠穆朗玛峰下面的绒布寺，是世界上海拔最高的寺庙，因此这里的景观很绝妙。在拍摄时将画面处理为黑白效果，一方面可以使作品更具有人文韵味，另一方面也可以利用明暗反差所产生的黑白灰色块，使观者的注意力集中在光线、影调变化和画面层次上。在曝光时以突出作品主题和影调变化为原则，使用了手持测光表进行测光，以便获得最佳的曝光组合

>>> 焦距：70mm 光圈：F10 快门速度：1/80s 感光度：ISO 100

「长焦镜头运用压缩画面空间，表现珠穆朗玛峰的形状，避免画面过于平淡」

2. 在什么位置拍摄珠穆朗玛峰

● 加乌拉山是从定日通往珠穆朗玛峰路上的唯一高山，在海拔 5200 米的加乌拉山口就可以看到凌驾于万山之巅的珠穆朗玛峰。在加乌拉山口有一个观景台和雪山标示牌，从山口往南爬上一个小坡，即可达到加乌拉山的制高点。天晴时用 200mm 的镜头就可以拍摄到远处的多座高峰，从左至右依次是海拔 8463 米的玛卡鲁峰、海拔 8516 米的洛子峰、海拔 8844.43 米的珠穆朗玛峰、海拔 8201 米的卓奥友峰，可以考虑用拼接的手法拍摄全景。

「傍晚时分天气放晴，西下的阳光照耀了珠穆朗玛峰的山顶，由于光线和色温的变化，十分迅速，因此整个画面影调范围十分丰富。使珠穆朗玛峰呈现出一种日照金山的美景」

>>> 焦距：200mm 光圈：F6.3 快门速度：1/100s 感光度：ISO100

● 从加乌拉山弯弯曲曲的盘山公路下行，便是绒布河谷。从白坝到珠穆朗玛峰大本营沿途中有许多村庄都比较有特色，民居墙面上都涂着黑色和红色的宽带以示吉祥，具有很强的地域特征。每年夏秋两季时，前往珠穆朗玛峰的沿途生长着大片金黄色的油菜花和翠绿的青稞，衬托着褐黄色的山峦，画面色彩非常和谐。

»» 焦距：95mm 光圈：F10 快门速度：1/125s 感光度：ISO 100

这是一座废弃的房屋，建筑特色十分突出。日落时分，低角度的侧光在建筑的墙体部分投下了浓重的阴影，褐黄色山峦作为背景，使画面的历史厚重感油然而生。拍摄时要注意控制曝光，以保留建筑的细节和层次感，适当减少曝光量可以升华拍摄立意，使观者产生强烈的感情共鸣和思索

»» 焦距：38mm 光圈：F11 快门速度：1/125s 感光度：ISO 100

拍摄这幅作品时正值藏族孩子放学，他们欢快地奔跑在回家的路上。画面具有比较明确的地域特征，白色的藏式民居和绿色农田给人赏心悦目的清新感，奔跑的孩子打破了田野的寂静，画面动感十足，令人印象深刻

● 绒布寺是观赏和拍摄珠穆朗玛峰的最佳位置，出大门 30 米往北有一座小山坡，爬上去后，可以选择寺庙门口的大经塔作为前景拍摄珠穆朗玛峰，以便赋予画面更多的人文气息，在此处拍出的珠穆朗玛峰日落美景比日出时的画面更具震撼力。

在一早一晚拍摄雪山，当雪山发红时，直接对着红色的雪山测光即可；如果太阳位置较高，山体仍然发白时，就应该对着被太阳照亮的岩石和山体测光。另外，拍摄雪山务必带上三脚架。需要提醒的是，绒布寺气温较低，晚上要注意御寒保暖。

>>> 焦距：33mm 光圈：F10 快门速度：1/25s 感光度：ISO 100

>>> 焦距：32mm 光圈：F4.0 快门速度：1/20s 感光度：ISO 100

在拍摄这幅作品时刻意降低了曝光补偿，以提高画面的色彩饱和度。大面积云彩隐隐约约地遮挡了珠穆朗玛峰，仿佛为其盖上了一层面纱，观者的视觉焦点必然会落在珠穆朗玛峰顶峰和前景的白色佛塔上，在突出主体的同时，也很好地表现了宗教和大自然之间的和谐关系

● 从绒布寺往珠穆朗玛峰大本营走大约7公里，有一片宽阔的河滩，河水中凸起着各种怪石，将其作为前景，可以获得有趣、生动的画面效果。

››› 焦距：80mm 光圈：F11 快门速度：1/60s 感光度：ISO 100

顺光和云彩为远景的山峦制造了大量阴影，画面的明暗反差比较大，立体感和层次感十分突出。在拍摄时大幅度降低了曝光量以压暗画面的前景，一方面是因为石头和河水的反光会使画面的光比过大，亮部和暗部的细节难以平衡，另一方面也避免了正常曝光时大量云彩倒映在水中而使画面显得杂乱，从而影响主体的表现

● 珠穆朗玛峰大本营与珠穆朗玛峰距离很近，因此很难拍出优秀的片子，但每年四、五月各国登山队都会在此“安营扎寨”准备登峰，各国国旗、颜色各异的帐篷也会为银色雪山增添一些韵味。

››› 焦距：80mm 光圈：F11 快门速度：1/60s 感光度：ISO 100

画面整体以冷色调为主，大面积放射状的云彩使作品具有一种不稳定的动感。前景处的一小块水洼倒映着天空，与天空中的云彩相互呼应，使画面结构更加均衡，同时也增加了画面的亮部区域，丰富了影调。三三两两的帐篷点缀着画面，红色帐篷因为色彩的差异而成为作品的视觉焦点，同时也增强了作品的空间感

3. 拍摄珠穆朗玛峰的黄金时间

● 拍摄珠穆朗玛峰的最佳季节是每年的4、5月和9~11月，和最佳登山季节一致。这期间的珠穆朗玛峰地区天气比较稳定，能见度比较高，珠穆朗玛峰容易现出“真容”，也有机会见到珠穆朗玛峰旗云、金山等景象。如果在7、8月的雨季来到珠穆朗玛峰，很难有机会拍到珠穆朗玛峰象征性的金字塔顶，但这段时间的云彩变幻莫测，太阳的金光偶尔会从云

层的缝隙之间倾泻而下，画面十分精彩。冬季的珠穆朗玛峰常常会因为大雪而无法通行。

● 在加乌拉山上拍珠穆朗玛峰，傍晚时分太阳的方向改变以后，由于珠穆朗玛峰的山体大面积受光，因此画面效果比清晨要好，此地的日落时间为晚上9点。如果要在这个位置上拍摄日出时珠穆朗玛峰的景色，就要在5点左右从远在20公里外的白坝住宿地出发，途中会路过中尼公路旁边的鲁鲁边检站和珠穆朗玛峰保护区的检票口，需要耽搁一些时间，而珠穆朗玛峰的第一缕金色光线差不多出现在早上7点，机会稍纵即逝。

● 在绒布寺拍摄珠穆朗玛峰时，建议大家在此住宿一晚，这样会有两次拍到金色珠穆朗玛峰的机会。

焦距：250mm 光圈：F16 快门速度：1/60s 感光度：ISO 100

第13章 阿里地区摄影旅游攻略

13.1 世界屋脊的屋脊——阿里旅游攻略

>>> 焦距：38mm 光圈：F10 快门速度：1/500s 感光度：ISO 100

在前往珠穆朗玛峰的路上，采用曲线构图拍摄的画面，将阿里的广袤和气势展露无遗。此照片的局域光运用十分出色，影调丰富，无论是山体的暗部，还是亮部的马路车辙部分都表现得比较到位。利用马路的曲线将作品表现得极具韵律美感，给人留下深刻的印象。适当减少曝光补偿可以突出表现画面的明暗反差，层次感很强

13.1.1 旅游・阿里

阿里地区位于西藏的西北部，拥有独特的高原自然风貌，喜马拉雅山脉、冈底斯山脉等横贯阿里大地，雅鲁藏布江、印度河、恒河等也发源于此，因此阿里有“万山之祖，百川之源”之称，这里人口密度之低世界少有。

阿里地区广袤的草原为野生动物提供了良好的生存条件，这里有成群的野牛、野驴、黄羊、长角羊和野牦牛，它们自由自在地奔跑在连绵起伏的山峦和原野中。阿里地区的江河湖泊众多，大约有60多个湖泊，80多条河流，流域面积将近6万平方公里。湖边溪间的水草丰美，是各种野生禽类的天堂。每年五月，阿里的冬雪融化为春水，大地再现生机，可爱的斑头雁、黑颈鹤、丹顶鹤、棕头鸥等各种鸟类成千上万，在山水之间嬉戏玩耍，为苍茫沉重的荒原带来浓浓春意。

阿里有着整个藏区最独特的高原风貌，吸引着无数探险者、艺术家前往。玛旁雍错是三

大“圣湖”之一，冈仁波齐山是世人公认的“神山”，藏族群众和佛教徒把它视为“世界的中心”，无论以何种角度去审视，都有一种无形的敬畏和肃穆。札达土林是最受摄影师青睐的摄影地之一，在夕阳的金色光线下，气势恢弘的札达土林好似一座魔幻的城堡，与古格王朝遗址遥遥相对，诉说着从前的辉煌。

阿里以它的遥远、荒芜吸引着世人的目光，历史上甚至被称作“死亡之地”。然而，阿里的神奇不仅因为它的地理位置和独特的高原地貌，它也曾辉煌一时。大约公元前4世纪，象雄部落出现在阿里地区，这是西藏历史上最早的十二个部落之一，后来发展成为青藏高原实力最雄厚的部落，势力范围之广，军事实力之强，在西藏的历史长卷中留下了浓墨重彩的一笔，深深影响着西藏的历史发展。西藏最古老、最原始的宗教“苯教”也诞生在阿里地区，曾经广泛流行于青藏高原并占据统治地位，对西藏的宗教文化影响深远。

13.1.2 阿里交通

阿里地区的交通状况是整个西藏最复杂的。从拉萨到阿里的公路有两条，一条是从拉萨经日喀则、拉孜（318国道）进入新藏线，过了昂仁县的桑桑镇，在22道班分为阿里南线和阿里小北线。阿里南线经过萨嘎、仲巴、帕羊，在玛旁雍错旁边的巴嘎边检站又一分为二，向南可到普兰县，向西经过冈仁波齐山、门士可到狮泉河镇，如果想去札达县，可以在离门士大约70公里的巴尔兵站转向西南即可，再往西走就可以到狮泉河了。南线全长大约1100公里，这条线路加油站比较少，只有萨嘎、普兰、霍尔和札达有加油站，在其他地方只能高价购买油品，而且质量无法保证，经常看见大旅行团开着卡车拉油料和补给进入阿里。北线是从22道班向北，经过措勤、改则、革吉到达狮泉河镇。北线全长大约1300公里，其路况比南线要好一些，沿途的县城都有加油站，货车和客运班车大多走北线；而南线则只有旅游车辆经过，不过现在大部分地方都已经修了柏油马路，道路条件好多了，也方便多了。

从拉萨进入阿里的另一条公路号称“阿里大北线”，走301省道从藏北的安多经羌塘高原到达尼玛县的洞错，然后与阿里北线会合前往狮泉镇。该线沿途都是荒原和沼泽，路况复杂，加油站点稀少，无法保证食宿安全，除了成群结队的野生动物以外，再无其他摄影题材，平时人烟稀少，因此如果不是为了探险，千万不要独自驾车前往。

阿里摄影旅游线路以南线为主，绝大部分旅游景点都在这条线路上。如果你的摄影计划中包括神山、圣湖和札达，最好选择4~6月前往，主要拍摄雪山、冰川、湖泊；如果在7、8月进入阿里，由于雨季气候多变，因此更容易拍到高原彩虹、局域光等高原气候景象；9、10月主要是拍摄阿里秋季风光，阿里千变万化的高原云层也为风光片增添了可看性，此时普兰、札达一带的田园风光美得让人心醉，寺庙的各种宗教活动和人文题材相较冬季更加丰富。尽量避免在雨季进入阿里北线，此时河道洪水泛滥，道路不通，交通安全无法保证。每年11月至来年2月不要进入阿里地区，暴风雨会来得极其猛烈，严寒会让“石头开口”，气候之恶劣可见一斑。

过河流水溪：在过河的时候要勘探水情，有小浪花翻滚的地方可以尝试通过，避免在河水中会车，可以通过观察其他车辆通行时的状况来推断水深和路径。如果有大车路过，要避免走大车的车辙部位，以防水下的石头等剐蹭底盘。

过洪水区：必须安装涉水管和进气软管并且提高怠速，拆掉风扇皮带及发电机插头，用低速四驱方式过河。必须注意的是，一定要等到高温铝制缸体降温后方可入水，以免抱轴。遇公路上的洪水高于路面或有弯道时，一定要探明路基宽度，下水用树枝或定位参照物标示危险区域，并注意两边排水沟的位置。

Tips

阿里地区路况复杂，有些路段没有桥，必须涉水而过。阿里地区的河流早晚涨水，因此要注意判断水势。

13.1.3 阿里食宿

阿里地区的饮食以藏餐和川菜为主，饭菜的价格很贵，因为其地处偏僻，从拉萨到狮泉河镇至少要三天时间，这里一碗面条也需要二十元左右，狮泉河镇也有多家由新疆人经营的新疆风味菜馆。阿里地广人稀，而且县与县之间的距离很远，因此建议自驾车游客一定要储备食物和水，最好带上维生素以保证身体所需能量。在路上行走，会不时地看到藏族群众开的小店，可以提供开水、酥油茶、方便面，而且价格合理，在旅途劳顿之余，喝杯酥油茶，会很惬意。阿里的风干肉地道正宗，味美可口，可以带点回家走亲访友。

沿途的住宿条件较差，基本不能洗澡，建议在旅游景点和摄影点的所在地住宿，以免因路况等问题而耽误拍摄计划。

13.2 阿里主要景点摄影攻略

构图合理、饱和度高、形态出色的云彩占据了画面三分之二面积，使得画面层次分明。水面吸收着高光，丰富了画面的影调，与空中的云彩形成了呼应关系。中景处的野生动物是整个画面的兴趣中心，利用左边几匹野马交叠的形象突出了右边的个体，前景的草地增加了空间的纵深感

13.2.1 玛旁雍错·西天王母瑶池

印象 玛旁雍错位于西藏阿里地区普兰县城东35公里、岗仁波齐峰以南，与纳木错、羊卓雍错并称为三大"圣湖"，自然风光美轮美奂，同时它也是亚洲四大河流的发源地。唐代玄奘在《大唐西域记》中也称玛旁雍错是"西天王母瑶池"。

玛旁雍错，藏语意为"永恒不败的碧玉湖"，起因是11世纪在湖畔进行的一场宗教大战，结果藏传佛教噶举派大胜外道黑教，"玛旁"就是纪念佛教的胜利，此湖因而得名。玛旁雍错是中国最清澈的湖泊，透明度达十几米，可见水质之纯粹，玛旁雍错的水在很多书籍中被描写得像珍珠一样，饮用湖水可以治百病，脱罪孽。每当日出日落时，不远处的纳木那尼雪山倒映在圣湖的粼粼波光中，阳光好像细碎的金砂流在这湖光山色之间，奇妙的光线令湖水呈现出深浅不一的梦幻蓝，偶尔岸边还会飞来几只野禽互相嬉戏，这神山、圣湖怎能不美得令人心神荡漾。

有意思的是，玛旁雍错与拉昂错紧紧相邻，而且水道相通，可是一个是淡水湖，而另一个则是咸水湖，一个是圣湖，而另一个却被称作"鬼湖"。"拉昂错"藏语意为"有毒的黑湖"，因湖水盐度高，故人畜皆无法饮用，周围也无法生长任何植物，没有牛羊，没有生机，显得死气沉沉的，虽然湖水和玛旁雍错一样美丽，却被冠上了"邪恶"的名讳。

除了大美的自然风光外，玛旁雍错附近还有一些人文景观值得旅客流连驻足。沿湖而建的佛寺甚多，现存有8座，正好分布在圣湖的四面八方，东有直贡派的色瓦龙寺，东南有萨迦派的聂过寺，南有格鲁派的楚古寺，西南有不丹噶举派的果足寺，西北是以五百罗汉修行的山洞为基础建立的迦吉寺，西有即乌寺，北有不丹噶举派的朗那寺，东北有格鲁派的苯日寺。这些带有强烈宗教色彩的建筑更能衬托出玛旁雍错的特色，其中即乌寺是欣赏圣湖最好的位置。

传说玛旁雍错的四边有四个洗浴门，东为莲花门，西为去污门，北为信仰门，南为香甜门，朝圣者绕湖一周到每个门洗浴，便能消除各种罪过。历来的朝圣者都以到过此湖转经洗浴为人生最大幸事。玛旁雍错集风景秀美和宗教意义于一身，被尊为"圣湖之王"。

交通 阿里南线和北线的分界点在桑桑镇的22道班，从此向南经过萨嘎、帕羊，再过马攸木拉山到达霍尔乡，沿途可以拍摄荒原景象。很多去玛旁雍错的人都会在霍尔休整，但是霍尔乡离圣湖还有一段距离，即乌寺不远处有一片村庄也可以落脚，位于塔钦东南30公里，从神山前往，如果不是包车，就只有在塔钦或者到巴噶检查站搭车，在巴噶需要准备好边境通行证以备检查。

食宿 萨嘎：饭馆不多，卫生环境一般，价格较贵。萨嘎宾馆是当地最好的宾馆，有热水（限时），建议在此用餐。

玛旁雍错：即乌寺山脚的小村庄是前往普兰公路的必经之地，有两间由藏族老乡经营的无名字旅店，房费为20元/人。这里没有吃饭的地方，十来间土屋组成了这个小村庄，吃饭要去南面的旅店，每个人花十块钱可以吃到白饭和素菜，建议摄友最好带方便面或干粮，店里面免费提供火种让路人自己做饭。神湖酒店在即乌寺南部两公里处，两地条件相差不多。

门票 神山、圣湖通票为580~780元/人，如进入塔钦或转山需另买票。在圣湖，如进入景点区域也需要买票，景点全天开放。

1. 在玛旁雍错拍什么

在玛旁雍错应以拍摄自然风光和人文题材为主。圣湖的南面即是神山冈仁波齐峰，背面为纳木那尼峰，洁白的雪山倒映在湖中，湖光山影，柔美中不失壮阔。玛旁雍错旁边还有一个鬼湖拉昂错，湖岸线曲折狭长，而且水色多变，风景别致。另外，每年都有许多不远千里来到此处转湖的佛教信徒，是拍摄人文题材的好地方，而且拍摄自由度很高。

Tips

玛旁雍错与冈仁波齐一样属于边境地区，必须办理边境通行证，从定日的鲁鲁检查站开始，途中会有多个关卡查验边境证。

>>> 焦距：80mm 光圈：F16 快门速度：1/125s 感光度：ISO 100

「春天，玛旁雍错的冬雪消融，湖水清澈湛蓝。拍摄时巧妙地利用了湖岸线的弯曲形状，为画面增加了韵律美感，蓝色的湖水倒映着圣洁的白雪，色彩和谐，与蓝天白云形成了某种呼应关系。作品视觉效果优美，令人心旷神怡」

玛旁雍错作为圣湖，每年都有许多信徒不远千里来到此处转湖，因此常见经幡、玛尼堆、佛塔等宗教特征。傍晚，夕阳西下，利用逆光拍摄经幡时，对准天空的亮部测光并适当增加曝光补偿，以保证天空中云彩的清晰度和层次，拍摄的目的就是表现经幡的轮廓美

玛旁雍错的湖水十分清澈，水质很好，连绵的山峦与朵朵白云倒映其中，画面充满诗情画意。在这个位置拍摄时，可以采用二分之一构图去拍摄倒影，有时候为了打破过于工整的格局，或者增加作品的可看性，可以安排人物或者其他活动的物体去活跃画面，跳跃或奔跑都使画面充满动感，从而不再显得平淡

2. 在什么位置拍摄玛旁雍错

● 在即乌寺的小山坡上，向东南可俯瞰玛旁雍错，向西北可遥望冈仁波齐峰，而且寺庙附近地势不平，可以拍出高原山影下的景深和层次感，可说是拍摄圣湖、神山的绝佳位置。面朝湖水时正好就是太阳从湖面升起的方向，可以拍摄日出日落的圣湖以及远方冈仁波齐峰的日照金山美景，夏季日出时间为 8 ：20 左右，日落时间是晚上 9 点左右，一定要坚持到最后一刻。傍晚，在即乌寺可以拍摄纳木那尼峰和玛旁雍错的湖光山色。另外，从即乌寺向东北方向走约 1 公里有一处小山坡，站在这个坡顶上正好可以看到即乌村所在的湖湾，纳木那尼峰倒映在湖水中，光线多为侧顺光，适合早晚拍摄。另外，即乌寺下有大片的经幡和玛尼石，也有朝圣的藏族群众路过这里，可作为前景为画面增添藏地符号。

››› 焦距：20mm 光圈：F11 快门速度：1/100s 感光度：ISO 100

神湖旁边有大量的石刻经文，这是佛教信徒们对于信仰的虔诚祈祷。前景的牦牛头骨压着一张明黄色的风马旗经文，它由于色彩的差异成为了画面的视觉兴趣点。在顺光的照射下，前景投下了斜长的影子，画面较为生动。远景的山峦上悬着初升的月亮，为空旷的天空作了点缀，构图十分饱满

● 楚古寺位于玛旁雍错的南边，纳木那尼峰脚下，距离即乌寺大约 20 公里，是玛旁雍错周围现存最大的寺庙。藏语意为“浴门”，是圣湖每年夏季举行沐浴仪式的最重要的场所。站在寺顶，脚下是一片蔚蓝，冈仁波齐峰就在你前方远处那天水交接的地方，神山、圣湖可以同时入镜，号称最佳拍摄角度。夏季还有机会拍摄到在此沐浴的印度和尼泊尔信徒。

● “鬼湖”拉昂错的拍摄地点距离即乌寺约 10 公里，可以同时摄入纳木那尼峰和鬼湖。鬼湖经常狂风大作，以此为前景拍摄雪峰别具一格。另外，鬼湖湖水的结冰期较长，可以在初夏时分拍摄冰雪消融的湖景，此时可利用超广角镜头的强烈透视特性，增强冰浪汹涌的纵深效果。这里游人较少，可以自由拍摄。

拉昂错的湖岸线很有特色，线条曲折，这幅作品就是利用曲线为画面增加了韵律感，纵深感极强的曲线将观者的视线引向了远景。金黄色的河岸衬托着蓝色的湖水，色彩对比强烈

>>> 焦距：95mm 光圈：F8.0 快门速度：1/400s 感光度：ISO 100

>>> 焦距：98mm 光圈：F8.0 快门速度：1/500s 感光度：ISO 100

每年五月，可以拍摄冰雪消融的拉昂错。前景处的冰块层层叠叠，中景的拉昂错波涛翻滚，远景的冈仁波齐山脉闪烁着白雪的光泽，整个画面层次分明

3. 拍摄玛旁雍错的黄金时间

玛旁雍错的拍摄季节以春秋两季为主，这两个季节空气通透、水质清澈。建议避开雨季，因为雨季从拉萨包车前往，很有可能遇到陷车等危险，但是夏季的转湖活动能够为拍摄者提供丰富的人文摄影题材，建议大家谨慎安排行程。拍摄湖景的黄金时间是日出和日落前后的1小时之内，此时的光影效果最为出色。

13.2.2 普兰·雪山环绕的地方

印象 普兰县位于西藏自治区西南部、阿里地区南部、喜马拉雅山南侧的峡谷地带，及中国、印度、尼泊尔三国交界处，可谓青藏高原的西南门户，被称为“雪山环绕的地方”。

普兰地处纳木那尼峰的孔雀河谷台地上，海拔3800米，在阿里地区算海拔较低的地方，气候温和，降水丰富。普兰四周都是白雪皑皑的雪峰，山体下面是风化了千年的石砾，一层一层堆积而上，而孔雀河谷却是一片翡翠般的田园风光，与阿里其他路段的苍凉景色截然不同，一块块绿洲和错落有致的村落俨然一派江南风貌。境内有著名的神山——冈仁波齐，圣湖——玛旁雍错等风景名胜区，因此每年都有来自国内外的游客和朝圣者不远万里来到普兰。

普兰县农田、草场广阔，野生动物种类众多，有野驴、野牛、盘羊、岩羊、雪豹、金雕等20余种，约1万余头（只）。县境北部的玛旁雍错是西藏高原最大的淡水湖，每年开春的时候，候鸟成群在此营巢产卵，孵化养育幼鸟。湖中盛产裸鲤，鱼类资源极其丰富。此外，县境内还有众多药用植物和食用植物。

除了神山、圣湖等鬼斧神工的自然景观，普兰的人文价值也不可小觑。据资料记载，在公元初始，普兰就成为象雄国中心辖区之一，后来又成为吉德尼玛衮的发迹之地。霍尔乡有大大小小的寺庙十多座，其余地方寺庙更多，科加寺更是得到中、印、尼三国信徒的共同信奉。每逢重大节日，普兰妇女都会穿上价值不菲的传统服饰，这种衣服世代相传，从头到脚由黄金、白银、松石、玛瑙、珊瑚、珍珠、田黄等珠宝装饰，重达十多斤，最昂贵的价值数百万元，是普兰文化的集中体现。

普兰号称歌舞之乡，藏族聚居区最古老、原始的大型民间歌舞“玄”就出自普兰，由十三大段歌词组成，歌词内容不允许更改一字，男女二队各十六人，可演唱整整一天。这是有关世界形成、物种起源、风雨雷电等自然现象的一系列解释。

交通 普兰距离巴嘎90公里。巴嘎是新藏线的一个重要分路口，从此地向西可直抵神山——冈仁波齐和狮泉河，向南则可到普兰。沿途大部分是荒原，建议包车前往或搭便车。

食宿 在普兰可住县政府招待所，有开水供应，可洗澡。因为地势较低，在普兰可以吃到很多青菜。

门票 普兰县旅游通票（神山、圣湖在内）为580元，不包括寺庙的门票。

普兰的传统服饰价值连城，目前全县境内只有六套，十分珍贵。拍摄时光线强烈，不利于表现人物的面部表情，因此着重表现了服饰的轮廓和色彩。以雪山为背景，在交代地域特征的同时，也表现了普兰服饰特有的文化背景

1. 在普兰拍什么

● 普兰的田园风光是必拍的。每年 6~8 月，绿色田园、银色雪峰和黄色沙砾相互映衬，形成鲜明的色彩对比。从巴嘎到普兰县城的路上，在大约 15 公里处有一个高坡上，在此可以拍到孔雀河谷的全景和雪山下的绿洲、村落，早晚的光线都是侧光。进入孔雀河谷后，在大约 3 公里处有一处村庄，可在下午和傍晚时拍摄，进入村庄并经过藏族群众同意后，可以拍摄特色民居和人文景观。

● 科迦寺位于普兰县科迦乡科迦村孔雀河边，在阿里地区远近闻名。科迦寺规模很小，年久失修的佛殿从外表看上去难免有点斑驳，但从另外一个角度来看，这里却散发着一种古朴的味道，寺庙建筑和巷道很有特色。科迦寺门口有一片河滩以及美丽的红色芦苇丛，附近的科迦村就像一个世外桃源，同样具有拍摄价值。

››› 焦距：80mm 光圈：F16 快门速度：1/125s 感光度：ISO 100

以科迦寺为背景拍摄普兰传统服饰，增加了作品的人文韵味。这幅作品的明暗反差较大，在反映自然环境的同时，也使作品更有层次感，不但将科迦寺建筑的立体感表现得很好，也突出了普兰传统服饰的轮廓美

● 普兰传统服饰是可遇而不可求的拍摄题材，如果恰逢重大节日，千万不能错过。在强烈日光环境中拍摄时，可以在征得被拍者同意后利用闪光灯补光，一方面可以减少脸部的阴影，还能够让服饰看起来更加鲜艳。中长焦镜头很好用，在构图时应注意结构要饱满，可结合当地环境来烘托气氛。

>>> 焦距：80mm 光圈：F8 快门速度：1/60s 感光度：ISO 100

这幅作品是在寺庙门口拍摄的，室内光线昏暗而成为了黑色背景，有利于突出表现被摄人物的面部表情、轮廓以及服饰色彩。同时利用寺庙门扣的彩色装饰，与人物身上的色彩形成呼应，同时也使作品具有对称美

>>> 焦距：80mm 光圈：F11 快门速度：1/125s 感光度：ISO 100

这幅作品是在室内拍摄完成的，为了追求艺术效果人为地制造了一些烟雾，升腾起来就会呈现蓝色，与红色的房梁形成了十分强烈的对比，画面效果十分出色。在大面积黑色背景的衬托下，普兰服饰的色彩得到了很好的表现

2. 拍摄普兰的黄金时间

普兰的拍摄内容以传统服饰为主，因此不存在黄金时间，拍摄前需要与被摄对象沟通，获得允许后方可拍摄。

13.2.3 冈仁波齐峰 · 阿里之巅

印象 冈仁波齐，藏语意为“神灵之山”，同时被印度教、藏传佛教、西藏原生宗教苯教以及古耆那教认定为“世界的中心”。冈仁波齐，在梵文中意为“湿婆的天堂”（湿婆为印度教主神），西藏的本土宗教——苯教便发源于此。数百年来，无数朝圣者和探险家都想登顶冈仁波齐峰，但是都无功而返，或许这里真是“世界的中心”，没有人能够冒犯。

冈仁波齐峰屹立于西藏阿里地区普兰县境内，绵延于中、印、尼三国边境，素有“阿里之巅”的美誉。它是冈底斯山脉的主峰，山顶海拔高度为6721米，被称为中国最美、最令人震撼的十大名山之一。海拔6000米以上被28条冰斗冰川和悬冰川覆盖。

冈仁波齐峰环绕一周长约72公里，峰形似金字塔（藏族群众称像“石磨的把手”），四壁严格对称。神山有一个违背大自然常规的特点，阳面终年积雪不化，而阴面无雪，就算雪天过后，只要太阳一出，所有白雪就立刻融化。冈仁波齐峰既有雄伟巍峨之姿，又有庄严肃穆之势，从南面望去可见到它的著名标志：由峰顶垂直而下的巨大冰槽与一横向岩层构成的佛教万字格，万字格在佛教中象征着精神力量，意为佛法永存，代表着吉祥与护佑。峰顶经常白云缭绕，当地人认为只有有福之人才能看见神山的峰顶，偶尔得见雪山真容，则极具视觉和心灵震撼力。

冈仁波齐峰周围共有5座寺庙，寺庙都有着流传千年的传说故事，可惜的是，里面的文物、壁画、塑像等已经遭到了破坏。

交通 从阿里客运站乘坐前往普兰的班车，在冈仁波齐下车即可。狮泉河也有来往普兰德的车辆，四个小时左右能到，距离为三百多公里。如果乘坐的车辆只是经过塔钦，可以在219国道的岔路口下车，步行半小时就可以到达塔钦。

食宿 可住在冈底斯宾馆，房费为60元/人，存放行李每天为10元，可和宾馆商量将自带帐篷搭在宾馆院里，每人收费15～20元。大金宾馆有自带的发电机，晚上可以供电，和冈底斯宾馆同价。两家宾馆都不设食堂，周围的汉式菜馆价格偏高。大金宾馆背后有一家山东水饺店很受游客欢迎，吃完水饺，可以去对面的阿里高原茶馆品尝一下甜茶。

门票 神山、圣湖通票为580元/人。如进入塔钦或转山需买门票。

春秋时节，西藏的空气通透，金字塔形状的雪山在阳光的照射下显得格外圣洁壮美，从玛旁雍错到塔钦的路上都可以遥望冈仁波齐神山，使用广角镜头拍摄有利于表现雪山的高大气势。在拍摄时要针对雪山山体的中灰部进行测光，可以直接曝光或者适当减少1/3挡曝光补偿

>>> 焦距：600mm 光圈：F11 快门速度：1/1250s 感光度：ISO 200

1. 在冈仁波齐峰拍什么

拍摄冈仁波齐峰以表现神山英姿和地域特征为主，主峰一年四季都被白雪覆盖，形似金字塔状，经常被作为拍摄玛旁雍错的远景。

>>> 焦距：93mm 光圈：F11 快门速度：1/640s 感光度：ISO 200

在这幅作品中，冈仁波齐峰的下部山体占据画面的较大面积，准确曝光使山体及前景草原的明暗层次和细节都比较丰富，利用色彩和面积上的对比突出了神山的金字塔形状，表现了冈仁波齐神山的雄伟和高不可攀。几只黑色牦牛点缀在田野中，丰富了画面构成，同时也增强了画面的空间感

拍摄这幅作品时阳光十分强烈，因此在拍摄对象的身后投下了浓重的阴影。这幅作品并没有强调人物的神情，而是通过前景处的人物和动物很好地表现了阿里地区的自然环境以及人与自然之间的关系。在构图时利用一层云彩遮住了空旷暗淡的天空，使画面看起来更加饱满

>>> 焦距：70mm 光圈：F10 快门速度：1/250s 感光度：ISO 100

>>> 焦距：40mm 光圈：F10 快门速度：1/1000s 感光度：ISO 200

采用开放式构图和广角镜头拍摄，对画面气势进行夸张表现，很好地表现了阿里地区的辽阔和荒凉，画面影调丰富、层次感较强。这幅作品的拍摄时机掌握较好，选择云彩飘在冈仁波齐神山上时进行拍摄，可增强画面的神秘宗教气息。从前景一直延伸到中景的车辙，以柔和的曲线形式缓和了画面给人的粗犷感觉，又与远景处的湖岸线相汇聚，整个画面构图饱满而统一，作品获得了一种硬朗与柔和共存的效果

2. 在什么位置拍摄冈仁波齐峰

● 塔钦是神山脚下一个小村落，在这里只能看到冈仁波齐峰的山尖，想要拍摄，就要去 8 公里以外的拉曲山谷。拉曲山谷两侧山崖陡峭，一条蜿蜒清澈的小溪流淌在谷底河滩上，拍摄神山时除了这些地貌特征可以利用外，还可选择玛尼堆、经幡作为前景。

>>> 焦距：70mm 光圈：F10 快门速度：1/320s 感光度：ISO 100

拍摄这幅作品时空气并不通透，天空灰蒙蒙的，因此利用云彩减少了天空在画面中所占的比例，空旷的环境突出了拍摄主体——藏狗，其成为了画面中唯一的兴趣中心。侧光使拍摄主体在地面上留下了一小块阴影，戈壁滩上的石头反光形成的亮部，使画面的影调比较丰富，并与中景的冰面和远景的雪山形成了呼应，改善了画面的视觉效果

● 拉曲山谷的谷口有一座“双腿佛塔”，佛塔右侧不远处立着一根高耸的经幡杆，佛塔双腿之间形成了一个门形通道，这里就是“冈底斯神山之门”。

● 止热寺在冈仁波齐峰的北边，海拔5210米，在此可以拍摄神山的背面，这里可选择玛尼堆和经幡作为前景。

转山是藏族群众在重大节日的必修课，利用前景的藏族老乡和帐篷增强了画面的层次感和空间透视感，同时也交代了作品的拍摄环境及民风习俗。在构图时让天空中的云彩占据画面的三分之二面积，蓝天白云为粗犷的画面增加了抽象的美感。在曝光时对准雪山的中间灰部分进行测光，以更好地表现山体的层次和明暗反差

››› 焦距：28mm　光圈：F16　快门速度：1/125s　感光度：ISO 100

● 从卓玛拉山口徒步经过门曲到达祖楚寺，寺庙下方的石头上有“冈底斯东南角不动地钉”圣迹。转出山口后，可利用草甸上的牦牛、羊群或飞鸟作为前景拍摄神山。

◆››› 焦距：200mm　光圈：F10　快门速度：1/400s　感光度：ISO 100

秋冬的阿里地区十分寒冷，枯黄的野草在冷风中战栗。在侧光的照射下，冈仁波齐雪山的层次丰富、立体感强，在通透的蓝天下，白雪闪耀着光泽，使神山更显神圣。工整的构图方式突出了画面的线条美，一字排开的羊群将画面划分出了层次，平行排列的直线给人一种刚烈的视觉感受。土黄色为作品的整体色调，但各种构图元素因质感不同而显示出不同的色彩层次，因此画面的视觉效果并不单调，相反有一种渐变的节奏感

3. 拍摄冈仁波齐峰的黄金时间

● 最适合拍摄冈仁波齐峰的季节是春秋两季，此时大气通透，更容易等到迷人的光影；而雨季云层厚重，很难见到神山的真容。因为日照方向的原因，早晨的冈仁波齐峰被笼罩在侧逆光之中，雪山发灰，很难拍出山体的层次和细节，因此最好是在日落前后 1 小时之内拍摄神山。

● 在每年的藏历四月十五日，在神山冈仁波齐都会进行隆重的换经幡仪式，这一天也被称作“阿里聚众日”，是神山脚下的塔钦村最重要的节日，场面相当热闹，可以前往拍摄宗教人文题材。

13.2.4 纳木那尼峰·圣母之山

印象 藏族群众称纳木那尼峰为“圣母之山”或“神女峰”。海拔 7694 米，位于喜马拉雅山西段，玛旁雍错、拉昂错以南，与海拔 6638 米的神山冈仁波齐峰遥相呼应。纳木那尼峰方圆约 200 平方公里，主要有 6 条山脊。6000 米以上的山峰在山脊线上有十几座，参差不齐。西面的山脊像一把扇子，由北向南依次排开；东面只有一条山脊，犹如被一刀劈开，那峭壁落差竟有两千米。从远处看，西面的山坡要和缓得多，峡谷上有五条布满了冰裂缝和冰陡崖的冰川，犹如五条卧龙。纳木那尼峰在玛旁雍错的南岸，与冈仁波齐峰隔湖相望，因此除非专业登山人员，普通摄影人通常在远处取景即可，无须特意前往山下。

焦距：110mm 光圈：F10 快门速度：1/320s 感光度：ISO 100

这幅作品的色彩比较丰富，山脉、戈壁、草甸和前景的沙地之间形成了同一色调的渐变关系，画面色彩和谐而不单调，层次十分细腻。在构图时利用人物和动物强调了空间透视感，突出了雪山的遥远

在什么位置拍摄纳木那尼峰

● 塔钦是欣赏喜纳木那尼峰的好地方，无论是朝霞还是落日，都是那么的壮丽辉煌。村子里有很多狗，傍晚拍摄时要小心。从塔钦出发走 2 公里左右有一个大玛尼堆的山坡，可以拍到日照纳木那尼峰的壮观景色。

这幅作品主要表现了阿里地区的地貌和环境，高耸的雪山、荒芜的戈壁滩以及随处可见的动物。前景的戈壁滩上流淌着浅浅的水流，隐约形成了平行的直线，横向空间的秩序感很强，很好地表现了阿里地区硬朗的环境特征。几只骡子为画面增加了趣味性，成为画面的视觉中心

››› 焦距：135mm 光圈：F11 快门速度：1/320s 感光度：ISO 160

● 从巴嘎沿岔路往普兰方向走 7 公里左右上山，在山口附近可以看到圣湖和纳木那尼峰。

以玛旁雍错的冰雪作为前景，广角镜头的运用使前景获得了夸张表现，增强了画面的气势。白色冰雪与远景中的雪山遥相呼应，大面积空旷的蓝天与湛蓝的湖水形成呼应，整个画面的结构和谐统一。天空中流动的云彩点缀了画面，增加了作品的趣味性

››› 焦距：70mm 光圈：F10 快门速度：1/500s 感光度：ISO 100

13.2.5 札达·幻境下的宫殿

印象 札达土林位于阿里地区札达县境内，在以托林镇为中心的大片地区可以看到整个藏族聚居区最著名的地貌风景，这里海拔 3750 ~ 4450 米，面积约为 888 平方公里。札达土林的总面积约为 2464 平方公里，土林系第三系地层风化而成，其面积之大、景色之奇观可称得上世界之最。

札达土林地貌在地质学上叫河湖相，指的是远古造山时期湖底沉积的地层不断受到流水侵蚀和风化作用而形成的特殊地貌。象泉河水在曲折的峡谷中静静流淌，两岸是陡峭挺拔、雄伟多姿的峭壁，这是世界上少有的奇观。

札达不但以土林奇观闻名中外，而且在西藏的历史上占有非常重要的地位。公元 10 世纪，吐蕃王朝最后一个藏王朗达玛的后代在此建立了当时整个藏族聚居区文明程度最高、实力最强大的古格王朝。吐蕃王朝后期的灭佛活动不但使西藏政局内乱，而且很大程度上打击了佛教。因此古格王朝建立之初，统治者为了收回民心，就崇尚佛法并大兴土木修建寺庙，其中就有著名的托林寺。印度高僧阿底峡曾在托林寺讲经传法长达 3 年之久，其间有数以万计的信徒前来求经朝拜，托林寺因此香火不断。阿底峡后来深入西藏腹地传教 9 年，直至圆寂，1076 年在札达托林寺举行了纪念阿底峡圆寂大法会，各地的僧侣不远万里跋涉而来，史称“火龙年大法会”，由此掀起了佛教复兴运动的高潮，古格王朝也由此成为了当时西藏的宗教文化中心。在西藏历史上，古格城堡规模最为宏大，奇怪的是，后来数十万的古格人在一夜之间突然集体失踪，到现在，300 多年过去了，这个谜团一直未能解开。1992 年，在札达以北 40 公里处，发现了东嘎皮央石窟壁画遗址，这是中国迄今为止发现的规模最大的佛教石窟遗址，这里曾经是古格王朝的文化艺术中心，这里的壁画和石窟至今保存完好，数量巨大。

交通 札达可说是阿里摄影旅游的重头戏，因此最好安排 5 ~ 7 天时间，这样既可以利用札达县城的低海拔环境休整一下身体，又有充裕的时间去拍摄丰富的人文自然题材。

从狮泉河到札达包车往返大约费用为 2000 ~ 3000 元，行车时间约为 12 小时。除了包车外，在旅游旺季，阿里客运站每 2 ~ 3 天就会安排一趟发往札达的班车，在途经土林时下车即可。

古格遗址位于札达以西 18 公里处，交通不便，位置偏僻。假如不是包车前往，可在县城内搭乘拖拉机或摩托车前往扎布让村，或者在县城南路口搭便车，扎布让村往西 1 里就是古格遗址。

食宿 邮政招待所的房费是 25 元 / 人，其他宾馆为 100 ~ 400 元 / 人。想解决吃饭问题，这里有四川饭馆和新疆饭馆。

门票 古格遗址、托林寺的门票为 200 元 / 人。

Tips

从札达进入古格遗址，需要先到公安局登记办理边境证，再到文化局购买门票。

早晨，太阳刚出来，在低角度侧光的照射下，札达土林气势恢弘，明暗反差被拉大，立体感很强。在曝光时要针对亮部测光并适当减少曝光补偿，增加画面的层次感和视觉冲击力。前景部分处于阴影状态，只留下一小部分高光区域，增强了画面的纵深感和空间感，前景、中景的土林和远景的远山构成了的层次鲜明的画面

1. 在札达拍什么

札达土林里的“树木”高低不齐，落差达数十米，别有景致。放眼望去，全是黄沙，只有一座座土林，它们已经屹立了万年，好像一座座石碑，似乎每一株下面都封印着远古的战士，他们一直在沉睡，只待一声召唤，便会从石柱中冲出，再上战场，以摧枯拉朽之力横扫一切。因此，拍摄札达土林，主要是表现土林的地貌特征以及宗教遗址。

>>> 焦距：80mm 光圈：F16 快门速度：1/60s 感光度：ISO 100

札达土充满着十分浓厚的佛教气息，随处可见佛塔和玛尼堆，可作为拍摄土林的前景，单独作为拍摄对象时也有着独特的韵味。拍摄这幅作品时，环境光线比较强烈，光比较大，因此拍摄对象的阴影强烈，突出了物体的轮廓美。前景的玛尼堆和红色石刻作为白色经塔的陪体，起到了对比和衬托作用，强调了空间透视感

日出日落时的侧光非常适宜表现札达土林的立体感，强烈的明暗反差可以凸显土林的地貌特征，大量阴影会增强画面的视觉冲击力，给人留下深刻的印象

>>> 焦距：80mm 光圈：F16 快门速度：1/60s 感光度：ISO100

越过冈底斯山脉山口不远，距离巴尔12公里处，是一处十分典型的雅丹地貌，色彩丰富而鲜艳，每道山梁都呈现出不同的色彩，有一汪碧水静静地拥在层层山峦之间，遥遥望去，好似心形。在这个位置拍摄，主要表现色彩之间的对比和层次感，没有所谓的黄金拍摄时间，通常顺光或阴天的散射光能获得更好的画面效果

2. 在什么位置拍摄札达

● 札达土林观景台是拍摄土林景观的绝佳位置之一，距札达县城还有大约30公里，需1小时车程，可在此拍摄土林全貌和远处的喜马拉雅雪山，一般应使用中长焦镜头拍摄，时间最好是夕阳西下、晚霞弥漫天空之时，大约是北京时间21点多。在此处拍摄要注意防风，使用三脚架时一定要为脚架加固加重，以免器材被风吹倒或产生震动。另外，从观景台到县城的这一路号称土林沟，沿途风景奇美，坡陡弯急，海拔骤降数百米，因此开夜车回县城托林镇时一定要注意安全。拍摄札达土林的要点是明暗反差的运用，这与光线的方向、质感息息相关。值得注意的是，西藏的天气变化极快，千万不要因为拍摄当天的天气不佳而放弃拍摄计划，有时候整天阴沉沉的，日落前几分钟太阳光线突然从厚厚的云层中射出来，此时的土林和古格遗址充满了历史的悲怆感，容易引发情感共鸣。此时的光圈一定要收缩到位，保证获得较大的景深。

利用广角镜头或者超广角镜头可以使作品具有很强的空间气势，有助于表现阿里地区的地域特征。从画面左下角一直延伸到远景的河流的线条与面的结合使戈壁滩的格局生动起来，增强了画面的纵深感，起到了引导观者视线的作用。流动的云彩点缀在天空中，为作品增添了抽象美感，也使画面看起来不再那么荒芜

● 札达县城北边的象泉河畔有红白色的托林寺佛塔和一排排不知建于什么年代的土质佛塔遗迹，在日出日落时都适合拍摄。尽管札达土林气势恢宏，但就地貌发育的个体造型而言，仍然比不上云南的元谋土林，所以拍摄时应该利用经幡、白塔和寺庙遗迹等人文符号来深入表现藏族的历史和文化。经幡、玛尼堆、佛塔、土林，这几样元素组合在一起就构成了札达最有特色的地域风光。

>>> 焦距：80mm 光圈：F11 快门速度：1/60s 感光度：ISO 100

札达有各种佛教风格的建筑遗址和佛塔，日出日落时的光线十分适宜表现此类立体感较强的拍摄对象。在拍摄时要注意调整白平衡模式，自动白平衡会矫正这种偏色效果，选择与当时色温相符合的白平衡模式则可以保留这种色彩，有助于渲染历史感，画面效果也会相对突出，否则作品色彩会十分平淡

● 从札达县城向狮泉河方向走大约17公里，有一片开阔的河谷，谷中有两棵绿树，形似凤尾，因此当地人称之为“凤尾树”。夏季时这里绿意盎然，河流缓缓流淌，以此作为前景可衬托土林的苍凉感。

● 古格遗址位于札达县18公里的扎木让村附近，日出的阳光洒落整个古格遗址也仅需要几分钟，为了抓住这个光线变幻的瞬间，可以选择头天晚上住在扎木让村，这样完全可以徒步前往古格遗址。下午来此地拍摄时可以先进遗址内参观，等到傍晚8点至9点50分夕阳西下之时，即可在城堡前的谷地上拍摄古格遗址，城堡的四周也有不少造型奇特的土林，可以一并用长焦镜头拍摄。在城堡的顶部可以俯瞰象泉河谷，沟壑丛生的土林峡谷中点缀着绿洲和错落有致的村落，山坡上有牛羊缓缓移动，为这苍茫的土林增添了一丝丝生活气息。

>>> 焦距：80mm 光圈：F16 快门速度：1/60s 感光度：ISO 100

古格遗址是阿里的标志性建筑，日落时分，光线具有明显的造型作用。前景地面上的沙砾反射着明亮的光泽，丰富了画面的影调，使远景的古格遗址具有较强的质感。大量的阴影为古格遗址增添了许多厚重感，容易使读者产生一种凝重和悲怆感。画面的主色调为褐红色，背景是蓝色天空，冷暖色调对比强烈，画面效果突出

● 札达还是阿里地区藏族民间歌舞的主要发源地之一。其中“古格旋”舞已有1000多年的历史，至今仍盛行于托林萨让、底雅地区，每逢节日庆典更是欢跳“古格旋”舞。在藏历一月十八至十九日，托林寺会举办“羌姆”宗教舞会和隆重的驱鬼仪式“多尔加”，届时当地人会盛装庆祝，所穿的传统服饰大多已经传了几十代，价值不菲，如遇此节日，千万不可错过拍摄舞蹈和传统服饰。

3. 拍摄札达的黄金时间

日出前后的半小时和日落前后的半小时，适宜表现札达土林。相对而言，日出的光影效果更美。

13.2.6 日土·雪域"神画"

印象 日土，位于阿里地区的西北部，藏语意为“枪叉支架状山下”。在班公错南部和东部近三百平方公里的区域内，分布着著名的日土岩画文化遗址，在日土附近的新藏公路一带最容易找到岩画。这些用石头或其他硬物在岩石上刻凿而成的壁画，线条有深有浅，有的还有着色。岩画内容十分广泛，从人到动物，从生活到宗教，从自然景观到人造建筑都有描述。

由日土县城沿新藏线行8公里左右，就可以看到班公错了。班公错，藏语意为“长脖子天鹅”，这是从西藏进入新疆前最后一个大湖，其岸边红柳簇拥，四周群山环绕，远处雪峰闪耀着银色光芒；湖水清澈度很高，阳光下呈现湛蓝色，而风起云涌之时，湖水的颜色一直从墨绿、深绿、浅绿到黄色，涛声、鸟鸣声和着风声一起奔涌过来，十分激昂。湖中有大大小小20多个鸟岛，其中有世界上海拔最高的鸟岛，岛上约有各种鸟类20多种，数量最多时可达数万只，包括斑头雁、棕头鸥、鱼鸥、凤头鸭、赤麻鸭等，其中属斑头雁和棕头鸥的数量最多。

交通 班公错位于狮泉河镇西北方向，新藏公路绕湖而筑。从狮泉河镇前往大约需要3个小时左右，路况现在还行，建议包车前往，价格在800～1000元之间。从班公错北上即可到达新疆，沿途没有特殊的拍摄点，过界山大阪后再经过两个小时左右的车程即可到达泉水沟，人称“死人沟”，这是新藏线上一个重要的食宿点，此处的日落绝美。

食宿 狮泉河：经常有货车前往狮泉河镇运输物资，因此不管沿新藏线继续往前，还是返回拉萨，都可以在这里补给食品，这里的水果很新鲜，还有正宗的新疆饭馆。狮泉河镇有很多酒店，其中狮泉河饭店档次最高，价格也最高；神山公司宾馆经济实惠，提供24小时热水，卫生条件很好。

日土：有班公错度假村可以提供食宿，全鱼宴值得品尝。

门票 自然景区全天开放，门票为50元/人。

运用广角镜头获得开阔视野，画面气势磅礴，表现了阿里地区班公错原始的生态美。这幅作品的拍摄时机把握较好，正午的顶光在马匹身上形成了明暗反差，背部的皮毛质感得到强调，凸显了被摄对象的轮廓美。在曝光时应该针对画面中灰部测光，并降低1/3挡曝光补偿，使蓝天更蓝、白云更白，同时使画面的层次更加细腻

在日土拍什么

● 日土岩画是用硬物在岩石上面刻凿的图画，线条的颜色与岩石本身的颜色相近，因此反差较小，拍摄时要用三脚架和闪光灯。

拍摄岩画的原则就是保证清晰度，光影效果服务于纪实。在拍摄时可以使用大光圈和高速快门，由于凿刻位置较高，拍摄距离较远，因此建议使用长焦镜头拍摄，使拍摄主体在画面中占据较大比例，突出岩画的线条

>>> 焦距：40mm 光圈：F8 快门速度：1/60s 感光度：ISO 100

● 拍摄班公错有三个比较好的位置。在班公错度假村前面的湿地上，可以用一艘废弃的小木船作为前景进行拍摄，偶尔也能拍到几只在岸边游弋的水鸟；从日土县城出来约2公里处，立着一块写有“班公错”三个大字的石碑，湖边有一些沼泽、草甸，可以此作为前景拍摄班公错；另一个位置在219国道快要离开日土的地方，此处有个小湖湾，水色湛蓝，对面是一座雪山，班公错的湖岸线曲折有度，适宜用广角进行表现。

>>> 焦距：16mm 光圈：F11 快门速度：1/125s 感光度：ISO 100

运用广角镜头拍摄，展现了阿里地区的广袤气势。水面上倒映着大量白云，平衡了天空与水面之间的光比，有利于控制曝光，同时形成了水天一色的美景。前景的草地与远景的草地形成呼应关系，一方面增强了画面的空间感，另一方面也表现了野生动物的生存环境

从日土向多玛方向行进，这是新藏线的最后一站——泉水沟。画面的色彩饱和度很高，湖水湛蓝，前景的红柳滩色彩鲜艳，冷暖色调对比十分强烈。湖水中倒映着白色的雪山，影调灵动，中景处的山体为整个画画增加了层次感

● 鸟岛是班公错最大的亮点，喜欢观鸟和拍摄鸟类的摄影爱好者一定不可错过。班公错的鸟岛距岸边仅几公里，乘船即可到达。在船上还可以欣赏波光粼粼的湖景和远处的高原群山。接近鸟岛的时候，湖面上水鸟的叫声此起彼伏，还有海鸥在船尾追逐，是抓拍飞鸟的大好时机。

>>> 焦距：200mm 光圈：F5.6 快门速度：1/250s 感光度：ISO 100

上岛后不要惊扰鸟儿，你可以趴在岩石上或者躲在灌木中，使用长焦镜头尽情地捕捉黑颈鹤及其他鸟儿优雅的身姿。不过一定要留意脚下，千万别踩到鸟蛋。这幅作品以草甸的黄色为主色调，画面三分之一处是一条闪着高光点的河流，影调十分灵动，也为平淡的草甸子制造了视觉变化。小憩的几只飞鸟正在梳理羽毛，在拍摄时应尽可能选择连拍速度较高的APS画幅数码单反机相，高速连拍是拍摄飞鸟的必杀技之一

13.3 野生动物摄影攻略

这幅作品的构图合理，天空占据一半比例，为飞鸟留下了比较空旷的飞翔空间，表现了比较舒适的生存环境。同时，湖面倒映着空中大量的云彩，形成了呼应关系。前景的黄色草甸和红色水草改善了画面的视觉效果，不但色彩鲜艳，而且也为单调的湖景增加了趣味性。在曝光时针对天空中的中灰色云彩进行测光，并增加半挡曝光补偿以提高画面的清新感。这幅作品的拍摄时机把握较好，利用高速快门抓拍飞鸟，其姿态优美、动感强烈，给人以舒适自由的感觉

>>> 焦距：80mm 光圈：F16 快门速度：60s 感光度：ISO 100

从上世纪90年代中期开始，国家专门建立了羌塘国家级自然保护区，其范围几乎涵盖了整个阿里地区。阿里地区有辽阔的草原，为野生动物创造了良好的生存条件，仅国家一级保护动物就达15万只以上，是野牛、野驴、黄羊、长角羊和野牦牛等众多珍稀野生动物的天堂。萨嘎—帕羊—马攸拉山一带的路旁有大片的荒原，经常有成群的藏野驴和黄羊自由驰骋。阿里西部有许多大大小小的湖泊，水草丰美，是水鹰、白水鸭、天鹅、水鸽、黑颈鹤等各种鸟类的乐园。

››› 焦距：200mm　光圈：F5.6　快门速度：1/125s　感光度：ISO 100

藏野驴是青藏高原特有动物，属国家一级保护动物。这幅作品是在夏季拍摄的，此时草木葱茏，大自然呈现出勃勃生机。利用顶光拍摄，画面的饱和度较高，在曝光时可以适当增加半挡曝光补偿，以使绿色更加清新明快，也有利于表现动物皮毛的光泽和质感。采用相对平视的拍摄角度，利用“动物之眼”去表现野生动物，获得了十分平和的视觉感受。由于拍摄距离较近，拍摄对象之间的空间比较大，在大面积绿色草场的映衬下，很好地表现出了阿里地区野生动物自由舒适的生存状态

››› 焦距：200mm　光圈：F5.6　快门速度：1/250s　感光度：ISO 100

羚羊善于奔路和跳跃，喜欢在草原上奔驰的汽车或野马前面飞越而过，因此，在阿里地区的路旁经常有拍摄羚羊的机会。画面中的几只羚羊似乎并不害怕人类，没有警觉地离开原地，如果条件允许，距离拍摄对象越近，主体在画面中呈现的效果就越好，动物的皮毛质感和神情十分出色。如果在行进的汽车上使用长焦镜头拍摄，则一定要注意画面的清晰度，可以将一包摄影豆袋垫在车窗上以稳固相机